I'm Âna

私はアーナ

Sumi Izumi

泉すみ

文芸社

私はアーナ　もくじ

アーナ登場

私はアーナ。

ミニチュアダックスフント・ロングヘアのメスで、二〇〇二年三月三日に六歳の誕生日を迎えた。私の住んでいる家は、ＪＲＴ駅から、桜並木通りを数分ほど歩いた所にある。池袋に近い駅であるにもかかわらず、過去三十年というもの、街の様子に余り変化がみられなかった。ところが、ここ四、五年で、急速に進む都市化に遅ればせながら便乗し、古い家が年毎に減少し、街並みも変わってきたのだ。

その代わり、中・高層マンションがあちらこちらに建設され、様子がすっかり変貌してしまったのである。

変化がないのは、駅前から明治通りに続く道が、毎年桜の季節には、見事な花のトンネルとなることだ。この通りは、桜ロードと名付けられている。

桜祭りのイベントも開催され、人出で賑わう。年により、桜の開花時期とずれて、葉桜の下でお祭りが催されることも、しばしばある。今年は、桜の開花が例年より半月も早く訪れ、更に超特急で満開になってしまった。儚い桜の花の寿命は、後一週間位で、終ってしまいそうだ。桜祭りの準備に携わっている人達には、頭の痛いところだろう。まだお祭りの提灯も出ていないというのに。

私の家は、その桜ロードから横の道を入った五軒目の角にある。三階建の二階に、私の飼い主と二人で住んでいる。幸せな毎日を送っている私なのだけれど、この頃真剣に悩んでいることがある。大して食べていないのに、太り過ぎだとみんなに言われてしまうのだ。

このあいだ散歩の途中で会った人は、「お腹に赤ちゃんいるのですか?」と。私も、これにはショック。自分から言うのも気が引けるけれど、顔は品が良く美人系。毛はウェーブがかかり、茶系で結構モダンなのだけれど、少々立派過ぎるのが難。

やはり、ダイエットをしなければ、もったいないかな……。

自分でも、そう思うようになったこの頃。

でも、これ以上ひもじい思いは、したくない。

いつも、食べもののことばかり考えているのだもの。

「アーナは、寝てばかりいる!」って私の飼い主(以後、主=ぬしと呼ぶことにする)は言うけれど、寒い時期は布団の中や日だまりの中、とりわけこたつの中は最高!

誰だって気持ち良くって、うとうとしてしまうでしょ！

私の名前「アーナ」は、主が付けてくれたのだけれど、私は結構気に入っている。でもその由来に不満がある。

ミニチュアダックスフントのルーツは、穴熊を追いかける猟犬として、巣穴にもぐり込み、穴熊を引っ張り出すために、苦心して作り出されたのだとか。そのダックスの意味であるアナグマのアナを取って、アーナとつけられてしまったわけだから。手抜きもいいところ。

私の主は、ただ今、私をパートナーとした一人暮らし。別棟に、ひとり息子夫婦が、住んでいるけれど、生活は全く別。普段は、干渉なし。

去年、還暦を迎えた六十歳。人生の夕暮れ時を、上手に充実させながら生活している。子育ても、仕事もやり終えた後は、自分自身のために、たっぷり時間を使おうとしているのだ。今までにやりたかったこと、やり残したことを、来たるべき時のために、完成させたい……と思っているようだ。

去年、会社を退社したので、現在は、無職というか、自由業というか、ライフコンサルタント業のようなことを、依頼があると引き受けている。

後は、たくさんの趣味を楽しんでいるのだ。目下の生活の方は、ありがたいことに、年金で主と私のエサ代を賄っている。

「両親が建ててくれた家に住んでいるから、何とかやっていけるのだ」と、主は友達に話していた。

はじめまして

六年前の五月初旬、血統書付きの両親から生まれた生後二ヶ月の私は、主の息子であるお兄ちゃんとそのお嫁さんに連れられて、この家へたどり着いたのだった。

朝から落ち着かなく、今か今かと待ちこがれていたという主は、部屋から飛び出してきて、大げさに私を迎えてくれた。

「ウァー、小さい。なんてかわいいの！」

名前の由来は、述べた通り。こうして私は、アーナとしてすぐ迎え入れられた。

この家の三階建の一階部分は、広い玄関とフロア、主が仕事場として使用している事務室、そして、お兄ちゃんのピアノの部屋。玄関は、主と三階に住んでいる主の弟である叔父ちゃん、そしてその娘のT子お姉ちゃんが、共同で使用している。

お兄ちゃんは、今、三十一歳。学生時代に、音大受験をめざして猛勉強、猛レッスンに励み、ピアノの演奏は今でも上手。自分の将来を考えて、音大はあきらめ、川越にあるK大学を卒業し、空調関係の会社に就職した。普段は忙しい日々を送っている。今年で、サラリーマン生活も十年目に入ろうとしている。

でも週末になると、ピアノの演奏を御披露してくれる。曲が難しそうなので、私はよく理解出来ない。かなり上手らしいことはわかるけれど、時には、うるさい曲だなと思うこともある。私の主もピアノが好きで、自分の部屋にあるピアノで、時々弾く。ピアノは「弾いていないと、弾けなくなってしまう」と言いながら始める。

「あっ！　指が動かなくなってしまった」とか「この曲、もう難しくて駄目！　弾けない」などと騒ぐのだ。その曲は、聴いていてもわかりやすく、お兄ちゃんが弾く曲より、ずっとやさしいだろうにと、私は感じるのだ。

親子でピアノが弾けるなんて、ちょっと気がきいているな。

とはいえ、主のつっかかりながら弾く曲を、聴かされる私は、つらい時の方が多いのだ。どうしていつも、同じ箇所でつっかかるのだろう。不思議だなと思う。

さて、私が家にやってきたその日、お兄ちゃんのピアノの部屋で、三人に囲まれて私は少々疲れ気味。すぐにそれを察してくれたお兄ちゃんが、お水と食事、そしてトイレ兼私のハウスを用意してくれた。私はのどが渇いていたので、お水をガブガブ飲み、早速おしっこを失礼し、小さいカリカリ（ドッグフード）もちょっと食べて、眠らせてもらうことにした。

こうして一日目は、終ったのだ。

後日、主が言うには、この時私を見て「小さくて可愛いけれど、正直言って、そんなに可愛い顔つきではないと思った」ですって！　ダックスの顔は、鼻が高くとがっているのが特長で、これでも美形なのに。失礼してしまう。

〈主よ、よく見て！　気品のある顔なのだから。それに足が短いから歩く時は、こっけいだけど、とても可愛いのだ！〉

サークル

一ヶ月過ぎた頃には、大体一日のペースが定まり、主も何とか、御主人様らしく、私の世話が板についてきた。トイレも余り粗相することもなく、定められた場所にするようになった。

〈主よ、ダックスフントは、お利口なのだから〉

でも、たった一つ、私が主に従わなかったのは、絶対にサークルの中では、寝なかったことだ。この件については、何日間か、主と私の戦いがあったけれど、とうとう私の勝利！　だって、家の中が広く、居心地の良い場所があちこちにあるのに、あんな小さなサークルで寝るのは嫌！　トイレの場所としては、最高だけれど……。主のそばで可愛らしく眠ってしまう私に、主も顔をほころばせて、満足気に了承してしまったのだ。子供の頃、厳しい母親に育てられ、つらく寂しい思いをして大人になったという主は、気持ちがやさしく、あまり私を怒らない。

「可愛いアーナ」「お利口さん、アーナ」「アーナは、美人だね……」

毎日、何回この言葉を聞かされるのだろう。私は、悪い気はしないし、ますます可愛く、すくすくと育っていくようだ。

半年が過ぎると、私もすっかり主がパートナーの生活に慣れ、躾は、おおむね完了だ。

しかし主の育児法は、相変わらず甘い。

特に、私の食事に関しては、手ぬるい。

お兄ちゃんは、ドッグフード以外の食物は、絶対にくれない。その点、主はみんなに、「初めが肝心だから、ドッグフード以外に食べ物は、与えてはいけない」と言われているのだけれど……。性格のやさしい主は、私の見ている前で、自分だけ食事をするのは、大変つらいらしい。

主が食事をしている時、終るまでじっと見ている私。目をそらさずに……。

ここが、根気のいるところ。最初主は、知らんふりして食べている。そのうち、私の視線が、大変気になって、食べた気がしないらしい。ちらっ、ちらっと私を気にし始める。そうなると、しめたもの。後は秒読み。私は、まだじっと見ている。のどを、ゴクンゴクンとならしながら……。主は観念したらしく、おいしいごちそうを、ちょっとくれる。私は一口で飲み込む。

「アーナ、もっと味わってゆっくり食べてよ、これでおしまいだからね」

これが二、三回続けられる。

あーあ、やっぱり粘って良かった。私は心から満足する。

芸なし

「アーナ、お手！　お手よ、お手！　これがお手なの、アーナ」

「アーナ、どうしてお前は、お手をしないの？」

何と言われようと、私には私の考えがあって、お手だけは自分の意志でしたいのだ。感謝の気持ちや嬉しい時は、尾っぽをふりふり、自分から「お手」をする私。

命令されて、したくはないのだ。私にだってプライドもあるし、自己主張もしたいのだから。主と私の「お手」戦争が何日間か続いたある日、とうとう主は、私の主張を認めてくれたようだ。

「アーナは、自分の意志で『お手』をするのだもの。随分と偉い犬だね、お前は……」

それ以来、主は私に「お手」を強制しなくなった。

主はお兄ちゃんを育てる時も、自立が早く自己主張の強い息子の意志を尊重したそうである。それは小学校の二年生の頃からだったとか。ひとりっ子の息子に対して主は、あえて自分も同じ目線に立って付き合い、息子の行く手を決してきれいに掃除することなく、歩かせたと言う。

その効果がありすぎたようで、お兄ちゃんは早くから自立し、自分の意志で何でも行動したようだ。また、主もそれを尊重し、どんな時でも息子を信じてきたそうだ。

そのお兄ちゃんも、中学生の時はいろいろと荒れたそうで、母親の主にとっては、息子の中学時代はつらかったはず。それでも主は、男の子が通らなければならない道だから……と腹をくくり、ぐちを言わなかったそうだ。親子共々つらい時期だったに違いない。

その甲斐あって、今のお兄ちゃんは、とても孝行息子なのだ。言葉に出しては何も言わないけれど、主に対する行動をみていると判る。思いやりがあるのだ。

主も知らんふりしているけれど、お兄ちゃんの気持ちに、いつも感謝をしている。お互いに干渉しないでいるけれど、良い親子関係なのだ。

私と主の関係も、ずっこけコンビで、なかなか良い雰囲気になってきていると思う。何でも楽しくしてしまうのだ。だって、ダックスフントは、お利口さんだから、主の気持ちがとても良く理解出来るのだ。

「お手」をしない「芸なしアーナ」だけれど、その代わり、お座り、待て、伏せ、はする。もっともこれをしないと、食事にありつけなくなるから……。

「お手」をしてもごほうび、何も出ないからネ。食べることが大好きな私は、打算が働いてしまうのだ。

生理

七ヶ月目位が過ぎたある日、あっ！　何だかおしりが変、おしっこじゃない液体がちょっと出てしまったみたいと、私は自分の体に起こった異常に気がついた。それは、自分の意志ではなく出てしまうし、おしっこと違う濃い色をしている。

何だろう？　ちょっとしか出ないから、トイレでするほどでないようだし、いいや、このままで普通にしていよう……。

でもそれは、私が居場所を移動する度に、そこに足跡のように残ってしまう。何だかそこら中、模様がふえてきたみたい……。

そのうち私がうとうとと良い気持になって、眠り始めていると、突然「あっ！　何これ、アーナ」と主のうるさく騒ぐ声がした。私はびっくりして主の顔を見た。

「アーナ大変！　生理よ、これは……」

主は感慨深げに「アーナ、とうとうアーナは女になったのだね……」と声のトーンを落として言った。私は意味がわからずに、ただ主を見上げているだけ……。すると、主は

「さあ大変」と、押入れからバスタオルを何枚も出して、ベッドの上やソファ、椅子など、私がいつも居心地良く身を置く場所に、敷き始めた。

何が始まったのだろうと、チンプンカンプン。ただ戸惑うばかりだった。

その日の夕食は、いつもと違うごちそうが出た。どうやら、最高級品のドッグフードのようだった。

〈味もいつものよりおいしいし、何だか知らないけれどおいしいものが食べられるのは、大歓迎。嬉しい！〉

「アーナ、今日はお祝いよ、この間生まれてここへきたと思っていたら、もう大人の女性になるなんて……」

主は感無量な表情で、あっと言う間にごちそうを平らげてしまった私を、やさしく撫でてくれた。

〈私も幸せ！〉

夜眠ろうとした時、お兄ちゃん達がやってきた。「アーナ、生理始まったのだって！」とお兄ちゃん。「アーナ、おめでとう、良かったね」とお兄ちゃんの奥さんのY子さん。

私も何だかいつもと違う自分になったような感じがした。でも意味がわからない。とにかく今夜は、ごちそうが食べられたし、大好きなお兄ちゃん達が来てくれて、にぎやかなひと時を過ごせたのだから嬉しかった。

いつもたくさん人がいると、にぎやかで楽しいからいいのにナ。

翌日から二週間ほど、私の生理とやらは続いたのだった。私はお尻にしまりがない感じで、それがちょっと気になる程度だけれど、主は大変な様子。毎日毎日バスタオルを、部屋中あちらこちらに敷いて取り替え、洗たくに大わらわ。いつもは私と二人だけの、のんびりした生活なのだから、たまにはこの位いいかな、と思うことにした。

〈主よ、御苦労様です〉

この間、私は散歩に連れて行ってもらえず、一日中ほとんどの時間を主と二人だけで過ごした。主の弾く聴きたくもないピアノを鑑賞させられた。もっともこの時は、私は寝てしまうのだけれど……。

また主は、音楽を聴きながらレース編みをするのが好きなのだ。よくあのような細い糸で、徐々に大きな物を編んでいけるなと思う。それが始まると、私は寝そべって鼻先をつき出し、じっとその様子を眺めてしまう。だって、あきもせずよくあんな細かい作業を続けられるなと、感心してしまうのだ。肩凝らないのかな。

それから主は、絵を描くのも好きなのだ。これが始まったら大変！　レース編みどころではない。下手をすると、一日中動かずに描いている。夜中の三時、四時頃までやることもざら。周りが起き始める夜明け頃、「ああ疲れた！　腰痛い。寝ようか、アーナ」と言う。とんでもない、私はとうの昔に熟睡状態。とてもじゃないけれど、こういう時の主にはつき合っていられない。とにかく私は、主が趣味に没頭し始めると、寝ることにしている。

毎日、自由にのんびりとした生活を送っている主なのだけれど、何かしらやっている人なので、机に向かっている時間が多い。

生理中とはいえ、余り長時間放ったらかしにされると、私はうなる。

「ウー」「ウー」

「何よ、アーナ、ちょっと待っててね。もう少しだから」と、そう言われても、私はもう限界なのだ。

「ワンワン、ワンワン」

「うるさいなあー、アーナ」

「ワンワン、ワンワン」

「わかった、わかった、アナ子ちゃん。ようし、おやつあげるね」

しめた！　その言葉を聞いたら、もう吠えてはいられない。私はキッチンめざして超特急で走る……主が趣味に没頭している時は、いつもおやつでごまかされてしまう私。でもこの方が、私にとっては嬉しい。

この家は、変則的な建物なので、叔父ちゃん達が外に出る時、私達の部屋のそばを通らなければならない。階段を下りる所で、会うことが出来るのだ。だから叔父ちゃんとT子お姉ちゃんとは、一日に一、二回は、スキンシップをしてもらえるので、私は気がまぎれた。この間は、私も体が何となくだるくて、うとうとと眠くて眠くて仕方なかったので、外に出られなくてちょうど良かったのかも知れない。

ゴロンゴロン

主は時間に余裕があると、私と遊んでくれる。手袋をはめて、

「アンニャー、ゴロンゴロンやるよ！」と言う。

こう言う時の主は、私の名前をきちんと呼んでくれない。すぐふざけた呼び方をする。

でも私は、このゴロンゴロンが大好きだから何と呼ばれても良い。

「アナ子ちゃん、ゴロンゴロン、ほら、いくよ。ゴロンゴロン」

私は手袋をはめた主の両手に、体ごとぶつかり、ひっくり返ってゴロンを何回もする。

主は、私のお腹を勢いよくさすってくれる。私はすぐ起き上がって、またゴロンゴロン。

これを何回もくり返す。二人で疲れるまでやっておしまい。

ああ、満足、疲れた！　休憩です。

主と私の遊びは、このゴロンゴロンの他に、追いかけっことボール拾いがある。

追いかけっこは、私より若くない主が大変そうだ。何しろ部屋と廊下を私と追いかけっこするのだから……。お互いに五分五分でやる。主は私を捕まえようとし、私は捕まるま

いと逃げ回る。私も大変！　ただ走り回るだけではなく、相手をしてくれる主に敬意を表して、椅子の上に飛び乗ったり、長椅子の上を走ったり無理をしてしまう。二人で、フーフー言ってあまり長くは続けられない。でも、いつも「もう、やめよーよ、アーナ。おしまいにしよう」と言うのは主の方。

それに引き替え、私の方から終りにするのは、ボール拾い。だってこれは、主が投げるボールを口にくわえて、拾って持って行くのが私なのだから……。主はほとんど動かずに済む。私だけが、必死になってボールを拾うのだから、これはたまらない。疲れる。特にフローリングの所は、足がすべるので走りにくいのだ。私がやめにすると「アーナは、あきっぽいのだから……」と主は言う。

〈だって、主よ、私だって子犬じゃないのだから……〉

そう何回も同じことをしたくない。馬鹿馬鹿しくなってくるもの。これが食べ物をもらえるなら、また別なのだけれどね。

運動の後の、お水のおいしいこと。

お腹一杯お水をガブガブ飲み終えた私は、ドタッと昼寝の時間に入るのだ。

絆

私は犬で、主は人間なのだけれど、私は主との間に、ある種の超越したつながりを感じてしまう。それは、飼い主と犬、ではなく、お互いをパートナーと思っているからだろうか。深い喜びと愛を感じてしまうのだ。何だかんだ言っても、主がいないと私の存在は成り立たなくなってしまうしね。

主は私を留守番させて出掛けると、私のことが気になって早く帰宅しなければ、と思うらしい。主が出掛けている間は、私はいい気持ちになって眠りを充分に堪能しているのだから、心配しなくても良いのだ。騒々しい主が出掛けると、ほっとする時だってあるのに……。でも主は、そうは思わないらしい。自分がいないと、アーナは寂しい思いをする、と思い込んでいるのだ。

〈主よ、私も一人が好きな時だってあるのだから、出掛けた時位、ゆっくりしてくれれば良いのに……〉

私は、どんなことをしていても主が帰ってくる時は、必ずわかるのだ。自分でも不思議だな、と思う。動物の勘というものなのだろうか。

この間も主が、日帰りのバス旅行に出掛けた時、お兄ちゃん夫婦に私の世話を頼んでいったとみえて、夜になったらお兄ちゃん達の部屋に連れていってもらえた。この部屋は、どこもきれいに片づいて整理整頓がされ、余分な物が置かれていない。二人共きれい好きな性格なのだろう。私の主とは大違い。

猫ちゃん達が遊んでいる部屋だって広く、大きなソファと本棚、猫用のサイドボードがあるだけ。廊下もあって、ドッタン、バッタンいつもじゃれ合ったり、ソファでみんなで寄りそって寝ていたりする。時にはバラバラに勝手な所で寝ている。

居間で、お兄ちゃんとY子さんが、代わる代わる私の相手をしてくれた。その部屋も、スッキリと片づけられていて、センスが良い。

若い人達の部屋らしいモダンな感じがする。それにしても、親の主より息子のお兄ちゃん達の方が、きちんとしているのだから、偉いと思ってしまう。主も少し、見習えば良いのに……。性格も今では、お兄ちゃんの方が全ての面でしっかりしているのだ。

楽しく遊んでもらい、満足してうとうとしていた私は、九時頃にパッと目が覚めた。

「あっ！　主が帰ってくる」

瞬間、私は気配を感じたのだ。私がソワソワと部屋の入口の方へ行くと、お兄ちゃんが「あっ、もうおふくろ帰って来るんじゃないか」と言った。それから五分位すると、玄関の戸が開き、主が帰ってきたのだった。

クロちゃん

私が満一歳になったばかりのある日、T子お姉ちゃんが「友達からもらった」と、真っ黒な猫ちゃんを連れてきた。まだ二ヶ月位というその子は、小さく黒い顔の中から、目だけグリーンに光っていた。主が言うように、小さいから可愛いけれど、全体から受ける印象はちょっとぶきみな感じで、お世辞にも決して可愛い顔とは言えなかった。

「アーナちゃん、仲良くしてね、よろしく！」とT子お姉ちゃんは言った。

「そうか、私に仲間が出来たのだ……」

何だか、ドキドキした。

その子は、本当に小さかった。これで二ヶ月たっているのだろうかと思われるほどに、小ぶりで細く、か弱そうに見えた。でも尾っぽは、長く格好良かったのだ。

名前は、黒猫だから「クロ」と付けられた。

何ということか！

この家の人達のペットへの対応、余りにも横着過ぎる。名前は、真面目に考えてほしいのだ。何故なら、別棟に住んでいるお兄ちゃんの所には、猫ちゃんが五匹いるのだけれど、その名前を披露すると……。
○チンチラのオス・名前「チン」
○チンチラのメス・名前「チララ」
以前「チラ」と言うメスがいたのだけれど、半年位で病死してしまい、主の落胆ぶりがひどかったので、その姉妹をまた譲ってもらったとか。そのチラの後釜だから、チララ、なのだそうだ。
○雑種三毛のオス・名前「アル」
○雑種三毛のメス・名前「スパ」
○雑種黒白ブチのオス・名前「ヒロ」
この子は、捨て猫だったのをお兄ちゃんが、ひろってきたから「ヒロ」。以上。

時折、お兄ちゃんの家へ行くと私は、この五匹の猫ちゃん達の仲間入りをさせてもらう。でもお兄ちゃん達の居間に入れてもらえるのは、私だけ。猫ちゃん達は、部屋の中を荒らすので、居間と寝室には入れてもらえない。たまに一匹ずつ交替で、部屋に入れさせてもらえるだけらしい。

さて、家にやってきたばかりのクロちゃんは、一日に何回も二階に下りてきて、私のそばに来るようになった。私がソファに寝ているとソファに、ベッドにいるとベッドの端っこの方に、とにかく私のすぐ近くにきて一緒に寝たりする。バラの花柄のベッドカバーの上に寝てしまうクロちゃんの姿は、とても可愛く格好良い。クロちゃんの長い尾はスマートさを一段と引き立てる。小さかった顔も、少し大きくなり、目だけグリーンに光っていたのが今は違う。

見違えるほど、素敵になったのだ。グリーン色の目が、何ともきれいで神秘的。

それにクロちゃんは、本当におとなしい。

男の子だから、もっとやんちゃ坊主なはずなのに、静かでやさしいのだ。私はこのクロちゃんが大好きになった。

今では毎日、クロちゃんが来るのを楽しみにしている。一日に何回も来てくれるのだけれど、何しろ気まぐれクロちゃんだから、私がもうちょっと一緒にいたいな、と思っていても、パッといなくなってしまう。

私がうとうとと眠っていると、いつの間にかそばに来ている。何しろ身軽だから、音も立てずに部屋の中を自由に動き回る。

タンスの上へも、ピョンと上がることが出来るのだ。床の上だけを歩いている私は、本当にうらやましいと思う。テレビの上へ乗ったかと思うと、ライティングデスクの上へ、そして茶ダンスの上へも……。いろいろな所へ上がったりするのだけれど、決して物を落としたり、いたずらをしたりしない。クロちゃんもお利口さんなのだ。まるで軽業師のようだ。

私にとっての高い場所といえば、主のベッドの上か、ソファの上くらいだから、クロちゃんと比べると情ない。この間、テーブルの上にお菓子がおいてあったので、それを取ろうとしてテーブルの上に乗ったら、すごい勢いで怒られてしまった。あの時の主は、怖かった。それ以来、私はテーブルの上に乗ることは、あきらめたのだ。主は、普段やさしいけれど、怒ると怖いからね。

クロちゃんと違って私の目線は、低い位置からしか物を観察することが出来ないので、それが残念だけれど。

主は時折、私を抱っこして、ベランダの草木や四季折々に咲いている花々を見せてくれる。そして私を花に近づけ香りを嗅がせてくれるのだ。

「アーナ、これは海棠の花よ、きれいでしょ」

「アーナ、これは石南花といって、都会では余り咲かない花……上品で素敵な花でしょ」

と体験させてくれる。

これには、私も感謝。私は自慢の高い鼻をクンクンさせて、思う存分香りを楽しむ。

ああ、いい匂い！　気持ちいい……。

いろいろ体験させてもらえるから、私は幸せ。

子育て

私、この頃自分の気持ちが、ちょっとおかしな感じなのだ。お気に入りの、骨型でやわらかい遊び道具、これが急にいとおしくなってきて、ペロペロ舐めて可愛がってしまう。主のベッドの上で、私はこれをまるで自分の赤ちゃんみたいに抱えてしまうのだ。こうなると、自分でも不可解なのだけれど、この玩具を離したくなくて、ずっと抱いたまま。トイレ以外は、玩具から離れられなくなった。

私の異常に気づいた主が「アーナちゃん、どうしたの?」とめずらしくやさしい声で、私のそばに寄ってきた。そのとたん、私は思わず「ウー、ウー!」と思い切り主を威嚇してしまった。どうしてこのような衝動にかられてしまったのか、自分でも理解出来ない。

面食らった主は、驚きを隠せず、「アーナちゃん、大丈夫?」と心配そう。

「ウー、ウー!」と、私はすごい形相でまた、主に向かって吠えてしまう。夕食の時間がきても私は動かない。主の戸惑いぶりは、気の毒なほど。でも私は動けない。夜も遅くなった頃、主が困ったようにエサ入れを私のそばまで持ってきてくれた。

〈そう、これなら動かないで済むから食べられるわ〉

私は、お気に入りの玩具を抱いたまま、夕食を済ませた。

私はこの玩具が、自分の赤ちゃんのような気がして、大事に大事に抱いているのだ。ペロペロ舐めては抱いて、舐めては抱いて……どうしてこのようになってしまうのか、自分でも理解出来ない。後で知ったのだけれど、これが小型犬によく見受けられるという「子育て現象」なのだとか。心配した主が、かかりつけのドクターに相談したところ、どうやらこの現象は、周期的にやってくるらしい。ドクターは、「しばらく様子を見ましょう」と言ってくれたそうだ。

それから一週間位、私は、トイレとお水を飲む時以外は、寝ている時もほとんど赤ちゃん玩具を抱いたまま、主のベッドの上から動かないでいた。同じ姿勢をずっとしているので、時々体が苦しくなり、お水を飲みに行ったりした時、体をのびのびさせて、ストレッチ運動を自分なりにして、また赤ちゃん玩具を抱える。これをくり返し、心配そうな顔をした主が持ってきてくれる食事を食べた。

自分でもわけがわからず、感情のむくままに子育て業に専念して、一週間過ぎた頃、私は徐々に気持ちがもとにもどって、赤ちゃん玩具から離れられるようになった。

長い長い一週間だった。自分でもほっとした感じ。あの感情は、一体何だったのだろう。

私は、どっと疲れが出てしまった。

でも一番安堵したのは、主だったのだろう。無事子育てから解放された私をみて、主は本当にほっとしたようだった。

私同様、疲労困憊の主だった。

散歩

〈ねえ、起きてよ、もう朝ですよー〉

私は七時になっても目を覚まさない主の顔を、ペロペロ、ペロペロ。主は寝ぼけながら、「わかったアーナ、もうちょっと寝かせてよー」と言って私を撫でている。

「アーナは、お利口だものね、待って、ね、もうちょっとね」

そう言って、また主は眠ってしまう。

〈しょうがないなあ、もう待てないよー〉

私はペロペロ……。そして主の身体の上へドスンと乗る。主の顔と、私の顔が正面から向き合う。主は私の顔を見ると、あきらめて「わかった！　起きるよ」と、やっと重い腰を上げてベッドを出る。

ベッドを出た主が一番最初にやることとは、主が起きるのを私以上に首を長くして待っている、すずめさん達へのエサの用意だ。

彼らは早くから、電線やらお隣の屋根に止まって、今か今かとエサを待っている。

ベランダに出ると、主はまず庭の植木にホースで水撒きをし、次に、盆栽の松の木と海棠の根元の二ヶ所にエサを置く。

今日のエサは、小鳥用のむきエサだ。

すずめさん達は、毎日エサをもらっているにもかかわらず、野鳥の習性で、主がエサを置き、部屋にもどっても、しばらくの間は様子を窺っているのだ。四、五分もすると、一斉に降りてきて食べ始める。

一回に二十羽位やって来るので、それは賑やか。一組の群が済むと、また別の群がやってくる。以前は、いずれも食べ終ると、すぐに飛び去ってしまった。しかし今日この頃では、食べ終っても、しばらくは、大きく繁っている木の枝や咲いている花の小枝に止まったりして、遊んでいる。

二階のベランダの花壇には、主が三年ほど前からお茶殻とコーヒーの沸しかすを、植木や花の根元に肥料として撒いている。落葉なども全部そうしているのだ。

それは、思いがけないほどの効果を生み、まるで土の庭のごとくに、植木や花々が見事に生長し、ベランダを美しく賑わせている。

欅、海棠、バラ、松、モチの木、もみじ、椿、姫りんご、梅、ミニざくろ、さつきにつつじ……まるで、ちょっとしたミニ庭園の趣だ。

小鳥さん達のエサの用意が終ると、主は、家の周りを掃く。この家は、ちょうど角地になっているので、毎朝紙くずやタバコの吸殻などが捨てられている。ゴミが散乱している時もあるので、掃除が大変。日本人のマナーの悪さをいつも主は嘆いている。

でも主は、掃除は自分の運動になると思っているので、文句を言わない。主の年齢には、掃除が健康維持には一番と思っているのだ。

そしてゴミを出し、掃除を終えた主が部屋にもどってきて、やっと私達の朝食となるのだ。

私はこの間、空になった主のベッドにもぐり込んで、待っているのだ。

朝食が済んで、一段落する午前十時頃からお昼にかけて、待ちに待った散歩の時間となるのだ。ただしこれは、秋から春頃までのことで、暑い夏の時期は、朝食前の起床後間もない頃になる。以前は季候の良い時期、主は近くの公園で毎朝行われているラジオ体操に間に合うように散歩を組んでいた。

私は、主が音楽に合わせてやる十分間ほどの体操を、めずらしいものを見るように、じっと見守っているのだった。

結構大勢の人達が参加していて、特に夏休みになると、子供達が多かった。

ラジオ体操が終ると、主は「アーナ、お利口だったね、お待ちどうさま」と言い、私の散歩のコースへと向かってくれていたのだった。ところが、この二年間位はラジオ体操を、しなくなった。どうやら、朝早く起きるのがつらくなってきたらしい。夏は公園で、蚊にくわれるのも嫌だったようだ。

それから起床後すぐ、いきなり体操するのは、身体に良くないらしいとテレビで知り、それを口実に横着になってしまった。私は、がんばって続ければ良いのになと思っているのだけれど……。そうすれば、散歩も必ず同じ時刻に行けるし、大勢の人に「可愛いわね」「お利口さんね」と声を掛けてもらえるから、楽しみなのに。

この頃の散歩は、時間がまちまちだし、コースも短かったり、長かったり、主の気分次第で決められてしまう。私だってその日の体調で、長いコースは行きたくない日もあるのに……。そのような時は、長くなりそうなコースの道にくると、私は全身の力をふり絞って抵抗する。

梃子でも動かないぞ！　とばかりに手足を踏ん張って、主に引っ張られても拒絶するのだ。もちろん主の力には、敵わないのだけれど、私の踏ん張り具合で主は、私の意志の度合を計るようだ。私を何回か引っ張るけれど、「わかった、じゃあ今日はこのコースは、やめようね、わかったからね、アーナ」と言ってくれる。その代わり私が、横着して早く家に帰りたいために行う、数回の踏ん張りには、ちょっと立ち止まってくれるけれど、すぐに無視されてしまう。私も、お見通しだなと仕方なく観念して、いつもの平均的な距離だけは歩くのだ。

最初は気が乗らない時でも、歩いているうちにやはり楽しくなってくる。だって道路は様々な匂いがするのだもの。主は「アーナは、きたない臭いが好きなのだから、困ってしまう」って言うけれど、そんなことはない。

道端の植え込みの木や草花の匂いも嗅ぎわけるし、特に花の香りは大好き。何とも言えない幸せな気分になるのだ。主は私が、草花の匂いを楽しんでいると、付き合って待っていてくれるけど、でも根がせっかちな性分だからすぐに「アーナ、もういいでしょ！　行くよ」と言う。私は、もっともっと飽きるまで嗅いでいたいのに……。

長い散歩のコースの一つに、石神井川の遊歩道がある。北区の音無橋から板橋の加賀に向かっての小道は、散歩時間としては一時間半位になる。少々時間がかかるので、大変な感じがするけれど、これは私が一番気に入っているコースなのだ。何故なら、遊歩道に着くと主は、首輪を外し、私を自由にしてくれるから。この時は、本当に嬉しい。

あっちへふらふら、こっちへふらふら。

私は、まともに歩かない。時間もかかり、主は付き合うのが大変のようだけれど、覚悟をしている。川面の鴨達の姿、そして何よりも、桜やつつじの花を愛で、新緑を観賞しつつ、思考を巡らせながらの散歩となるので、主も満足しているのだと思う。

このコースは、別名俳句の小道と名付けられており、大小の公園が川に沿って幾つかある。四季折々の変化が楽しめ、街の中とは思えないほど、緑豊かな場所なのだ。

時折、この素敵なコースを、主は飲み物とおやつを用意して、途中の公園で休憩を取りながら、半日位時間をかけることがある。私は、最高の気分になる。

いつもこのような散歩だと、嬉しいのだけれど……。

困惑

私の四度目の生理が終って一ヶ月位過ぎた頃、またまた異常な感情におそわれ、私は例の子育て期間に入ってしまった。

初めての時、ドクターが「周期的になりますから、様子をみましょう」と言ってくれたらしいけれど、あれからこれで四回目の子育てなのだ。私ってどうやら主に似ず、母性愛が強すぎるらしい。

私達ペットは、飼い主に似るとよく言われる。確かに主も私も食いしん坊だし、お転婆。ただし器量は、私の方が勝っている……。そして母性愛も私の方が強い。主はそれが、薄い人のようだから。

主とお兄ちゃんとの関係を見ていると、そう感じる。本当の親子なのかな、と思うほどさっぱりしているのだ。同じ屋根の下に住んでいるのに、めったに顔を合わせないし、話も余りしない。知らんふりをしている。話をするのは、お嫁さんのY子さんと、友達のようにちょっと話を交わすだけ。面白い関係だと思う。お互いに干渉しないでマイペース。

週末になると、お兄ちゃんが階段を上がってきて、私を散歩に連れて行ってくれる。その時だけ「あっ、散歩連れて行ってくれるの、ありがとう！　アーナ、良かったね、行ってらっしゃい」と言って、これで終わり。

この間、主とY子さんが立ち話をしているのを聞いていたら、どうやら主は、息子のお兄ちゃんが煙たいらしい。

お兄ちゃんの方が、性格がきちんとしているし、常識人だからなのだろう。

それに主とお兄ちゃんは、同じ血液型でＡＢ型同士。話はしなくても、お互いの気持ちがわかってしまうから、一緒にいると気疲れしてしまうと言う。そして主は、私生活は全くの自由人だから、お兄ちゃんのことを堅苦しく感じてしまうのだろう。

ずっこけ母親だから、仕方ないと私も思うのだ。お兄ちゃんの方が親のようだ。

さて、今度もまた私は、自分でも抑え切れずに、玩具の赤ちゃんを可愛いがり始めた。そしてどうしてそうなるのかわからないのだけれど、布団の中へどんどんもぐってしまう。タオルケットに鼻先をこすりつけて、穴を掘ろうとする衝動にかられるのだ。

普段も眠くなると、クッションとかソファの上などを前足で何回も掻いてしまう。そうするとそこが寝床になるような気がして、安心した気分になって眠りにつけるのだ。誰かに教えられたわけではないのに、私はいつもそうしてしまう。

私は生後二ヶ月位で、主と一緒に生活を始めたから、自分を産んでくれた母親から犬としての教育を、何一つ受けていない。人間の主は、飼い犬としての心得、つまり日常生活に必要な躾は教えてくれたけれど、犬としての動物の本能は、わからない。仲間と一緒に育ったわけではないので、犬としての様々な行為は、私自身知らないうちに、身についたものなのだ。

今回の子育ては、期間も長くさすがの私も重症だと思うようになった。私が、鼻先をこすって、たえずもぐる動作をするので、主は昼間もぐられないよう、全ての布団やクッション類を片付けてしまった。困った私は、椅子などの布地部分に鼻先をこすりつけて、もぐるまねをしてしまう。鼻先の皮がむけて、血がにじんでしまった。

「あっ！　アーナ、どうしたの、この血は？　また生理が始まったのかな」と言った主は、私の顔を見て驚いた。大事な鼻先の、黒い部分の皮がむけてしまったのだ。主は、とりあえず鼻先にメンソレータムとやらを塗ってくれたけれど、私は嫌々をした。

〈だって、すごくしみる、かえって痛いよ！〉

それでもまた私は、次の日も次の日も同じ行為をしてしまう。三日目に主は、とうとう心配でたまらなくなり、ドクターのところへ私を連れて行った。先生も「うーん、この子は子育てが強すぎるから、避妊手術をした方が、良いかも知れないなあ」と言った。

「先生、鼻の頭の黒い部分、再生しますよね？」

「いや、この部分の再生はないのですよ」

「え！　再生しないのですか？　では、この部分は、もうこのままブチになってしまうのですか……」

「皮がむけた部分は、治れば皮膚が出来るから、少しは色が付きますが、元通りになるのは難しいでしょう」

主はショックを受けたようだ。毎回子育て期間が訪れる度に、私の鼻先がむけていき、黒い部分が消滅していくさまを想像したようだった。

「せっかくの美人アーナが、台無しになってしまう」と、動揺した。

その夜は、お兄ちゃん達とめずらしく親子の話し合いがなされ、「赤ちゃんを産ませないのなら、早く避妊手術を受けさせよう」という結論に達したのだ。

主は「アーナの赤ちゃん、ほしい」と主張したけれど、お兄ちゃんに、

「ダックスの出産って、胴長だから大変なんだよ。それに一度に何匹も生まれるし……赤

ちゃん育てる自信ある?」

と言われ、現実を考えて私に出産させるのは、あきらめたようだ。

翌日、ドクターと相談して、間もなく子育てが終るだろうからと、一ヶ月後の四月初旬に手術をすることになった。

お泊り

その日は、夕食をもらえなかった。

お腹がすいて、我慢出来なかったので、私は水をガブガブ飲んでごまかした。

起きていると辛いので、早く眠ることにした。翌朝になっても、食事はもらえなかった。

どうなってしまったのだろうと不安にかられていると、主は私を抱っこしてドクターのもとへ向かった。歩いて一分ほどの所なので、重いのに抱っこしてくれたのだろう。おかげでいつもと違う目線になり、満開の桜の花が目に入った。桜ロードのここは、まさしく花のトンネルのようだった。

医院に着くと、すぐにドクターが私を迎えてくれ、「では、明後日のお昼頃、迎えにいらしてください、御心配なら明日様子を見にいらしても、良いですよ」と言った。

主は、名残惜しそうに、そしてちょっと心配そうに「じゃあ、アーナ、バイバイね。先生、よろしくお願い致します」と言って、すぐ帰ってしまった。

私は、一体何が起こるのだろう、どうなってしまうのだろうと不安で、ドクターにしがみついてしまった。「大丈夫だよ、怖くないからね、良い子だね」と、ドクターはやさしく言い、固いベッドに私を寝かせた。そして待ちかまえていた看護婦さんに指示をして、私の腰あたりにあっと言う間に注射をした。

チクッとしたと同時に、私は先生のやさしい声を二言、三言聞いて眠りについた。その後何が起きたのか、全くわからない。長い間私は、眠っていたような気がする。目を覚ますと、そこはサークルの中だった。消毒液の臭いが、鼻につんときて、お腹のあたりが吊るようで、ちょっと痛い。私はまだ動けなかった。

それから退院まで、私はサークルの中で過ごした。ドクターの診察を受ける時以外は、食事も、トイレも全てその中で済ませなくてはならなかった。毎日自由奔放に生活させてもらっている私にとっては、このサークル暮らしは、地獄だった。よくペットをペットクリニックなどに預けて、長期旅行をする飼い主がいるけれど、私だったらノイローゼになってしまう。一週間も預けられたら、落ち込んでしまい、帰宅しても病気にかかってしまうのではないかと思ってしまう。

早く家へ帰りたいなあ……そう思いながら、うとうとと眠ってばかりいたような気がする。三日目のお昼近くに、やっと主が迎えに来てくれた。

「良い子にしてましたよ。経過も順調です」

「アーナ、お利口だったね、良くがんばったね！」

そう言って主は、私を抱っこしてくれた。

こうして私の避妊手術は無事成功し、一週間後の抜糸も終了したのだった。その間、私はお散歩なし。家の中でみんなに大事にされ、遊んでもらって、最高に幸せ！

家っていいなあ。私はつくづくそう思った。

永遠に

ある日のこと、朝、新聞を取りに一階へ下りていった主は、ドタドタとあわてて階段をかけ上がってきた。「アーナ、大変！　クロちゃんが倒れていた！」と部屋に入るなり、抱えていたクロちゃんをバスタオルでくるみ、机の上にそっと置いた。

どうしたのだろう？

クロちゃんは、ぐったりしていて何故か苦しそう。目を時々開けては、また閉じてしまう。開いた目はうつろで、私を見ても、いつものクロちゃんの元気な可愛い表情とは違う。主は急いで身仕度をすると、クロちゃんをバスタオルで包んだまま抱えて、ドクターの医院へ走った。

十分ほどたつか、たたないうちに主が青ざめ、強張った表情で、帰ってきた。どうやら休診で、ドクターは留守だったらしい。クロちゃんは、まだぐったりしている。主は「クロちゃん、クロちゃん」と呼びながら、「しっかりするのよ、がんばって。待っててね」と励ます。クロちゃんは、呼ばれると目を開けて、うつろな表情で主を見る。主は電話で近くの動物病院を教えてもらい、すぐ連絡を取った。状況を説明して「すぐ連れて行きますので、よろしくお願いします」と言って電話を切った。

そこへ三階の叔父ちゃんが、仕事から帰ってきたのだ。主は、ほっとした様子で、急いで状況を説明し、二人でクロちゃんを抱えて病院へ向かった。

それから、どの位時間が過ぎたのだろうか。私も何か異常事態が発生したのだ、ということは理解出来たので、クロちゃんが心配だった。一時間ほどだったかも知れないが、私にはとても長く感じられたのだった。

玄関の戸が、力なく開く音がして、二人が帰って来た。二人共、目を真赤にしていた。

主は私を見るなり、「アーナ、クロちゃん、死んでしまったよー」と言って、私を撫でながら、ワーワー泣き出した。

鼻を何回もかみかみ、「クロちゃん、死んじゃったー」「クロちゃん、死んじゃったー」と泣いていた。

どうやらクロちゃんは、四階の屋上の囲いの壁を歩いていて、足を踏みはずし、下に落ちてしまったらしい。

内臓破裂で、手の打ちようがなく、時間の問題だったそうだ。

「このまま見守っていても、半日もつか、どうか……」と先生に言われて、主と叔父ちゃんは泣く泣く「それじゃ、先生、苦しい思いさせているのは可哀想ですから、楽にさせてあげてください、お願いします」と頼んだとのこと。先生も「その方が、良いでしょう」と言って、クロちゃんに、安らかな死を与えてくださったのだ。

可愛いクロちゃんは、まるで静かに眠っているようだった。二人は、クロちゃんの小さな体を清めてあげ、庭の大きな木の根元に、埋葬した。私も最後のお別れを、クロちゃんにしたのだった。木の根元に、大きな石を置き、お花と、クロちゃんの好きな缶詰、そしてお線香をあげた。

私もクロちゃんが、死んでしまったのだ、ということがわかった。もう可愛い姿を見ることも出来ないし、一緒に遊べなくなってしまったと思うと悲しかった。

その日、主と私はクロちゃんの冥福を、静かに心から祈ったのだった。

今までは、自由自在にどのような高い所でも、ピョコンと身軽に上ってしまうクロちゃんがうらやましかった。私は相変わらず、短い足で床を行ったり、きたりしているだけだから。でも今は、高い所から落ちて、命を落としてしまったクロちゃんを想うと、うらやましい気持ちは吹き飛んで、高い所へ上れない私は安全なのかもと、思わずにはいられなかった。

ふり返ってみれば、クロちゃんの寿命は、あまりにも短すぎる。やっとクロちゃんが一人前になって、私と仲良しになれたというのに……。私は、あきらめ切れない思いでいっぱい。この間までの子育ての時だって、クロちゃん、度々やってきて、いつもと違う私を心配そうに、見てくれてたのに……。

そしてその時は、私から離れて、ベッドの端で眠ったりしていたのだ。

一人前になっても、クロちゃんはスマートで小さかった。そして、おとなしくてやさしかったから、私は可愛くて可愛くてたまらなかったのだ。私だって主のように「クロちゃん、死んじゃったよー、悲しいよー」って思い切り泣きたいのだ。

明日から、寂しくなってしまう。

〈クロちゃん、さようなら。天国で安らかに眠ってください〉　アーナより。

おっとり

クロちゃんが、天国へ行ってしまったので、私はまたひとりで過ごす時間が多くなってしまった。その頃の主の仕事は、午後三時頃から夜十時過ぎ位までだったので、その間私は、ほとんど寝ているのだった。

主は出掛ける時「アーナ、お仕事行ってくるからね、待っててね、待っててね！」としつこく言って、家を出たものだ。この家は、一階から二階への階段が、一直線で長い上に急なので、危険を感じる私は絶対に下りる事をしない。その二階の所で主を見送るのだ。主は下から私を見上げて、「じゃあね、バイバイ」と手をふって、出掛けて行った。

主の職場は、JR山の手線のS駅にある通信販売の会社なのだ。ほとんど女性ばかりの女の城である。そこは、年中無休で電話の受付で、商品を販売しているそうだ。オペレーターさんは、午前、午後、夜間と三交替で仕事をしている。

主はそこの夜間の責任者で、オペレーターさん達の教育、管理等、夜間全体の責任を担っているらしい。

あの、ずっこけ主が職場で、そのような責任のある仕事をこなしているなんて、私には信じられない。

クレーム処理も抜群だと自負している。

そのような重要な仕事を、こなしているなんて、さぞかしストレスが溜まってしまうだろうな、と私は案じるけれど、本人は至って平気。どんなクレームでも、お客様の懐に飛び込んで話し合うから、解決出来るのだと言う。

むしろ、会社でストレスを発散してくる、というから驚き。怖いもの知らずの人だから、結構上手く仕事がこなせるのかも知れない、と私は思う。周りの人が思うほど、本人はストレスを感じていないのだろう。

それが証拠に、帰宅して遅い夜の食事を済ませた後も、絵を描いたり、自分の好きなことを眠くなるまでやっているのだから……。

その代わり眠くなってくると、すぐに手を止めて「アーナ、寝るよー」と、そのままベッドへ直行。ものの五分とたたないうちに、深い眠りに入ってしまう。いわゆる、バタンキューというやつ。

私はこの主が、不眠症で悩んでいるのを見たことがない。私に話をしながら、ムニャムニャ……となり幸せそうに眠ってしまう。私の方が、夜は寝つきが悪いのだ。

それでも主は、眠りに入る直前、半分意識もうろうの中、「神様、今日一日感謝します……」と唱えている。そしてスースーと寝息を立て始める。

常に前向きで、感謝の気持ちを忘れずに生活している主の、そういうところが、私は好きなのだ。

手術を受けてからの私は、気分も落ち着いて、身心共にゆったりした感じ。以前のように、はしゃいだり、飛び回ったり、子育て気分になったりしなくなった。要するに、ちょっと大人になった感じなのだ。お転婆が上品になったよう。

主もちょっと戸惑いを感じたらしいけれど、いたずらもしないし、主を困らせることもないし、いわゆる優等生になったのだから、文句のつけようがない。私はほめてもらいたい位。そうなると主は、つまらないらしく、「アーナ、遊ぼうよー」と言って私にちょっかいを出す。

せっかく良い気分で日なたぼっこしていたのに……と私は思いながらも、この単純で子供っぽい主に、しばし付き合って相手をしてあげるのだ。

マー君

クロちゃんの死から二ヶ月ほど過ぎた、初夏のある日、三階のT子お姉ちゃんが、また真っ黒な生後三ヶ月位のオス猫を連れてきた。

クロちゃんの死から、立ち直れないでいるやさしい父親のために、友達からもらってきたのだ。体の不格好さとは似つかわしくなく、甘ったれなので、名前はマー君だそう。「何、その名前！」と主は言っていたけれど、とうとうその名前でおさまってしまった。

また遊び相手が出来て嬉しかったけれど、前のクロちゃんとは、同じ黒猫でも余りにも容貌に差があるので、初めはがっかりした。

それにきかん坊の暴れん坊で、すごいの何のって！　家中を荒らしていくギャング。もう少し、上品にしてもらいたい。

でも二階にくると、ここは自分の家ではないと思うらしく、遠慮している様子に好感が持てる。主は「何、お前のその格好は……」と言いながらも、「マー君、おいで」と可愛がっている。時々、手を噛まれては「痛いよ、マー君は！　可愛がってやっているのに、何よ」と騒いでいる。

マー君は、主が仕事に出掛けるのを待っていたかのように、主がいなくなると、すぐに下りてきて、ずっと私の周りで時間を過ごす。クロちゃんとは、勝手が違うけれど、私もだんだん慣れてきて、マー君と仲良しになってしまった。一人でいるよりも、マー君と一緒の方が楽しいもの。それにマー君は、男らしく頭が良い。主に言わせると、「マー君は、ずる賢いよ、油断もスキもあったもんじゃない」となるが、男気があって、私にはやさしいのだ。外見がクロちゃんとは余りにも対照的なので、最初びっくりしてしまったけれど、慣れてきたこの頃は無器量だと言われているその姿も、私にはかえって凛々しく見えてきたのだ。

家中を荒らす台風みたいなギャングだけれど、結構人の好いところがあるのだ。私が時折、三階に遊びに行くと、私に食べられないようマー君専用の机の上に置いてある猫エサを、わざと前足で床に落として、私に食べさせようと気を遣ってくれるのだ。

もちろん、そういう時は、食いしん坊の私は、マー君の好意を心から喜んで受ける。

この頃は、私の方が味をしめて、それが目的で三階へおじゃまするようになってしまった。でもその楽しみは、つかの間で終止符を打たれてしまったのだ。私がその密やかな楽しみを味わい始めて六日目位に、主が私のお腹を触って、首をかしげたのだ。

「アーナ、また太ったのじゃない？　おかしいな、食事の量増やしていないのに……お水の飲み過ぎかな？」

主は、その翌日も首をかしげている。毎日夜寝る前に、主は必ず私の体をチェックする。食べすぎていないかどうか、お腹を触られる時、私はお腹を一生懸命にへこます。でも、その分、胸の方がふくらむので、主に私の間食がバレてしまった。

その翌日、主は追跡調査を始めた。

そして、私の唯一の楽しみを見抜かれてしまったのだ。早速、三階の階段の入口に、つい立てを置かれてしまい、冒険は終了。

あーあ、残念！　でもマー君の好意は、忘れないからね。

食いしん坊

主は「アーナは食いしん坊で、本当に困る」と言うけれど、私から言わせてもらえば、これは主に似たのだ。犬を見れば、その飼い主がわかると言われるけれど、やはり似てしまうようだ。お転婆なところは、私は治まったけれど、主は相変わらずだし……。

私の主は、外見は、一見女らしくやさしそうに見えるけれど、中味はとんでもない！気持ちは、確かに情にもろく、やさしい人だけれど行動は男性的。性格も極めてあっさりしていて、男性顔負けの太っ腹。逆境に強く、努力の人だからたまらない。主の前では大概の男性は甘えん坊のロマンチストになってしまう。

それでも主は「頼りがいのある男性に甘えて、女らしく生きてみたい」という、途方もない夢を抱き続けているのだ。

そんな主は、至って健康そのものだから、三度の食事もきちんと取る。

主の食に対する考えは「食べることに興味のない人は、自分の人生に積極的でない」というのが持論だ。私には、食いしん坊の言い訳のように思えるけれど、この考えには一理あるようだ。健康のもとは、食生活とその人の物の考え方から、と主張している。自分の人生を、良くするのも悪くするのも、自分次第なのだと言う。

一日三回規則正しく食事を取る主だが、一日二食の私にとっては、たまらない。一食は、主の食事をただ眺めているだけになるのだから、これはつらい。私は主の一部始終を、瞬きもしないで、例のごとくじっと見つめる。いつものように、時々のどを鳴らすことも忘れないで……。主も私を横目で見ながら、知らん顔して食べている。そしてまた、私の視線に耐え切れず「本当にアーナは、食いしん坊なのだから」と言いつつ、一口味見をさせてくれる。

またまた、やったあ、私の粘り勝ち！　これが、毎日毎日くり返される、主と私の戦いなのだ。

名女優

私達犬族は、猫ちゃん達とは違って、御主人様に忠実なのだ。猫ちゃんは、その点マイペース。三階のマー君を見ていても、それがとても良くわかる。常に自分のペースで、行動しているのだ。特にマー君は、自由自在に一階から三階まで、そして屋上と勝手気ままにふるまっている毎日。それに引き換え私は、主の後ばかり追いかけている。

主がトイレへ入っている時はその前で、入浴している時はお風呂場の前で待っている。そしてキッチンへ向かう時は、超特急で追いかけるのだ。事によったら、何か食べ物をもらえるかも知れないから。主がお料理している時は、キッチンの入口の所で、きちんとお座りして見ている。相変わらず、知らんふりして料理をしている主は、茹でた野菜やお豆腐など、材料に味を付けてない物は、私用に別にしておいて、先にちょっとくれる。主は無農薬野菜や自然食品にこだわっている。

口に入れる食べ物全体に、気を遣っているのだ。だから私にも、ドッグフードだけの食事ではなく、野菜、牛乳、豆腐、豆類など、とにかく主と同じ物を、食べさせてくれるのだ。主は頑固で、自分の考えを曲げない人だから、食事も身体に良いものを、出来るだけ選んで食している。主に言わせると「自分の好きな食べ物が、幸いにして身体に良い食品なだけ」と言っているけれど、それなりの努力はしていると思う。だから私も含めて、健康なのだろう。

その私は、私の好きなお兄ちゃん、Y子さん、叔父ちゃんとT子お姉ちゃん、そして何人かの私の馴染みの人達。その人達が、私を撫でて可愛がってくれる時は、嬉しい気持ちを声に出して応える。そして体中でその喜びを表現する。するとみんな「うん、そうかそうか、わかったよ、アーナちゃんは可愛いね」と感激してくれる。そして満足気に私をたくさんたくさんスキンシップしてくれる。私もまた嬉しさを体ごと、ぶつけてしまう。

「ウーンウーン」「ウウンウウン」と甘えた声を出す。

その様子を見ると、いつも主は、冷めた声で「アーナ、お前は名女優だね、演技上手すぎるよ、調子いいんだから」と決まってそう言う。「私には、絶対にこんな態度取らないのだから」と不満気だ。主を無視するかのように、私は相手になってくれている人と、飽きるまでスキンシップをしてもらう。

〈あー、満足。主よ、悪く思わないでほしい〉

私達は、食事から睡眠に至るまで、毎日一緒なのだから、お互いに遠慮もしない、全部さらけ出した間柄なのだ。

他の人には、感謝の気持ちは思い切り表現しなければ悪いと思っているのだから。

私は、気を遣うことも必要だと思っている。

でも私達は、お互いにパートナーなのだから、そのような演技は無用。お世辞など言わなくても、通じ合っていると私は思っているのだ。

お水

私は牛乳が大好き。

主も牛乳を水代わりによく飲む人だ。主の乳製品好きには、年季が入っている。

小学校の頃からの牛乳に始まって、中学生の頃は、友達の間でも練乳好きで通っていたらしい。中学、高校共に修学旅行の時、当時は今のようにチューブ入りの練乳がなかったので、小さい缶の物を持参したとか……。いかに食いしん坊であったか想像出来る。

還暦を迎えたというのに、現在でも乳製品が好きで、ミルクキャラメルから始まり、あらゆる乳製品に目がない。牛乳にも凝っていて、おいしい牛乳を週二度配達してもらっている。チューブ入りの練乳は切らしたことがなく、いつも冷蔵庫の中に二、三本は、きちんと収まっている。

普通は、イチゴに練乳をかけて、というパターンだと思うけれど、主は違う。ヨーグルトに練乳。コーヒーはほとんどブラックが多いけれど、甘味がほしい時は、御多分にもれず練乳。夏みかんを袋からむいて練乳……。時折、チューブからチューチューと練乳を口に入れていることもあるから、あきれてしまう。ただ、チーズはカマンベールの一口サイズを一日一個位のようだ。余り量を食べない感じ。お肉が好きでない主は「卵と乳製品をきちんと摂取しないと、身体の脂気がなくなってしまうから」と言っている。

家では、魚も鯵の開きと鮭の切り身を焼いて、食べる程度。魚貝類は、大好物のお寿司で補充しているようだ。お寿司は、外で食べる方が多い。それでも週に一度位は、お寿司を買ってきて、家で食べる。

その時は、例によって私にも、ほんの少しずつ味見をさせてくれる。もちろん私には、おしょう油をつけないで。

とにかく、牛乳にもこだわってくれているので、家の牛乳はおいしい。散歩からもどった時、薄めた牛乳を必ず私に飲ませてくれる。この頃は、私のダイエットを考え、「ひもじい思いをさせないよう、満腹感は与えなければ」と、主は苦肉の策で牛乳プリンとか、豆腐牛乳とやらを作ってくれる。

食いしん坊の主は、空腹感を味わうつらさが痛いほどわかる人なのだ……。

豆腐牛乳は、牛乳で豆腐を煮るのだ。

これは、私も大歓迎。お腹一杯になるし、おいしいし……。でも、それは一時的なことでしばらくすると、すぐお腹がすいてしまう。やはり、つらい。そのような時私は、お水をガブガブ飲んで我慢をする。

家のお水は、植物などが超元気になるという液体が、一、二滴入っている。主の考えは、野菜や植物に良い影響を及ぼすものなら、それを食している人間や動物にも良いはずだ、という発想。

だから、毎日このお水を飲んでいる私は、ことのほか元気なのかも知れない。

お腹

私は、トイレは大・小共、家のトイレで済ませる。以前主は、「散歩に連れて行っても、トイレを外でしないのだから、何のための散歩かわからない」とぼやいていた。でも私もこの頃は、気に入った場所が二、三あって、そこに来ると、小をする習慣が身についてきた。もちろん、その時の体の状態で素通りすることもあるけれど。

私が五歳の誕生日を迎えてからは、主は私が外でトイレをしない方が、将来、かえって良いことなのだと悟ったらしい。

何故って、お隣の十五歳になる老衰のオス犬のシェルティは、歩行も困難な状態なのに、トイレを家で済ませないらしい。

習慣づいているから、朝まで我慢して外に連れて出ないと、大も小もしないらしい。乳母車に乗せてもらいながら、雨の日も、風の日も、散歩に出る。私は、二階からその姿をいつも見ているのだけれど、それは本当に痛々しい。家の近くに帰ってくると、乳母車から降ろされ、よたよた、よたよたと歩いてすぐ座ってしまう。立っては座り、またよたよたと二、三歩進む。そのくり返しなのだ。

主も朝、家の前を掃除している時出会うと、「がんばれ、がんばれ！　えらいわねえ、もうちょっとだからね」と声を掛けている。そして、飼い主とトイレの話をしているのだ。

その点、私は、天気がどうであろうと、散歩に行く行かないにかかわらず、毎日トイレは、大・小共、家の中の決められた場所で、必ず済ませるのだから、良いと思う。

その代わり、大きいのをした時は、私はすぐに足で床を何回も掻いて、主に知らせる。主もすぐに察して、私のお尻を拭いてくれ、「アーナ、お利口だね、良かったね」と私をほめてくれる。私は、気分もさっぱり、ほめられて満足満足。

その私が、今日は朝から大変。

大きい方が、液体のようにゆるくなり、何回も出てしまう。お腹もキューッと痛くなる。午前中、その様子を見ていた主は観念したらしく、鏡台の引出しをガサガサ探し回っていたが、「あった、あった！」と言い、薬らしき物を取り出したのだ。

小さい黒い粒を二個、練りエサに混ぜて私に食べさせた。

後で知ったことだけれど、それは人間が下痢などをした時に服用する、セイロガンという薬だった。

〈主も考えたよね、私にセイロガン飲ませるなんて……〉

でも不思議。下痢とやらは、それで止まってしまった。主の勝利だ！

「人間に効く薬は、犬の私にも効くだろう」という考え、これこそ、平素、主が主張していることの実証だった。

そして常に、人間と同じ待遇を私にしてくれる主に、私は感謝なのだ。

ふっくら

今日、月に一度の首すじにたらす蚤取りの薬と、フィラリアの薬をもらいに、散歩の途中、ドクターのところへ寄った。

「ちょっと、体重を計ってみましょう」

私は体重が計測出来るベッドに乗せられた。

「えっ！　アーナ、いつの間にこんなにふえたの、信じられない」と主は叫んだ。

「うーん、これは本当に限界だな。これ以上太ると、この子は胴が長いから腰に負担がきて、ヘルニアになってしまうよ」

と先生は、やさしい声だけれども厳しく主に注意をした。

「とにかく、間食は絶対駄目ですよ。それと運動量をふやすこと。あせらずに、がんばってください」

と先生に励まされ、主はため息をつきながら、医院を出た。

私の主は、すぐその気になってしまう単細胞な性格だから、その帰り道のコースは、遠回りもいいところ。いつもの倍近く、私は歩かされる羽目になってしまった。

家に戻ると、その日のおやつはなし。

主も私の前では、食事を取らなかった。夕食も、心なしかいつもより量が少ないように感じられた。

翌日からは大変。散歩は毎日欠かさず連れて行ってくれるので嬉しいけれど、食事はドッグフードだけ。主の食事をじっと見つめて、味見させてもらっていたのが、なくなってしまった。それより何より主が、一日に一回は外食をするようになってしまったのだ。朝と夜、私の食事と同時に自分も食べ始める。もちろん私の方が、あっという間に食べ終えるので、後は主の食事をじっと見つめているのだけれど……。今までのような、甘ちゃん主では、なくなったよう。

私が食べても、さしつかえのない物だけを、最後にほんの一、二口、気休めにくれるだけ。量は極わずかだけれど、それでも主と同じ物を食べた、ということで私は満足するのだ。

私は主のパートナーなのだから、何をするのも一緒、いつも主のそばにいて、同じ物を食して……。それを私は望んでいるのだからね、差別しないで！

主もそのことには、気を遣い努力をしているのがわかる。とにかく私に、欲求不満を起こさせないようにと、自分の食している物をほんの少しでも、味見はさせてくれるのだ。私に、精神的な満足を与えようとして。

主の肥満防止対策は、家の掃除だ。特別にきれい好きではないけれど、掃除をする時は、運動だと思ってやると、「自分の肥満防止になる」と思えるのだそうだ。そうすると、掃除も苦にならないらしい。

主は、朝からすごい食欲なので、驚いてしまう。よく朝から、あんなに食べられるな……とあきれてしまうし、うらやましくも思うのだ。私も、あんなにお腹いっぱい、食べてみたいな。

ところが昼は、朝の半分位の感じになる。夕食となると、飲み物に凝る代わりに量は一番少なくなる。

ただ今、自由業の主は、夕食前に入浴を済ませてしまう。お腹一杯になってからお風呂に入るのは、めんどうなのだとのこと。

それって、横着者ではないかと私は思うのだけれど。夕食が、お風呂上がりになるので、飲み物にこだわるのだろう。

その日の気分によって、また料理によってワインであったり、ビールであったりする。すぐ顔に出る人で、気持ちだけ飲みたいと思っているだけなので、量はほとんどグラス一杯、といったところ。ビールなどが残ってしまうと、翌朝ベランダの植木に与えている。

主の食事を取る量は、朝三、昼二、夜一の割合なのだ。通常は、大体これを守っている。夜を一番少なくしているのだ。飲むとすぐ横になってしまうし、そうしないと、ブロイラーになってしまうからだろう。主の血統は、太る体質だから、油断は禁物なのだ。

その夜、寝る時、主は私に言った。

「アーナ、一緒にダイエット、がんばろうね！」

風邪

今日の主は、朝になっても起きない。いくら私が、目覚まし代わりのペロペロ、ペロペロを何回やっても駄目。身体の具合が悪いらしい。そういえば、昨夜寒い寒いと言っていた。寝る時も「アーナ、寒いよー。アーナ、寒い！」と騒いでいたけれど、どうやら風邪をひいたらしい。主は普段、薬を飲まない人で、「風邪はひくけれど、他の病気にはならないから、医者にはかからない」と豪語している。だから体温計も薬箱も、この家にはないのだ。

主は昔、子供の頃、原因のほとんどがアレルギーとされている気管支喘息に悩まされ、体質改善をしなければ治らないと医者から通告された。主は、大変苦しい思いをして、十代はこの喘息との戦いに明け暮れたのだ。

発作が起きると、気管は細くなり、息を吸ったり、吐いたりする度に、ヒューヒューと音がする。そして息苦しくなって寝ていられなくなる。特に、仰向けにはなれず、横に向いたり、縮まって寝たりするのだ。喘息は、身体が暖まってくると、余計に苦しくなってくる。

冬の寒い時でも、発作が起きると、主は布団の中には入らず、柱に寄り掛かり、毛布で身体を包み、姿勢を前かがみにしてそのまま眠ったのだ。その発作は、夜に起こることが多かった。発作が起きた翌日は、かかりつけのお医者さんへ行き、お尻に太い注射を、ズブッと打たれた。いつもこのくり返しだったので、かなり苦しく、つらかったことだろう。

主の場合原因は遺伝的な系向が強いらしく、神経過敏な性格も影響しているだろうということであった。

主の通っていた学校は、ミッション系だったので、中学、高校と毎朝三十分ほどの礼拝が行われた。全校生徒が、礼拝堂に集まって行われる日が週に三回あり、後は各教室での礼拝だった。

主は、礼拝堂の時は一番後ろの、出口の側の席に座ったのだ。それは、「みんなで、集まっているのだから、咳が出なければいいな。お願いだから、咳が出ませんように……」と思った瞬間、咳こんでしまうからだった。

咳は一度出ると、なかなか止まらないので、静かに礼拝が行われている時には、うるさくてみんなに迷惑をかけてしまう。そうなった時、すぐ退席出来るよう、いつも出口に近い席にしていたのだ。今の主からは、想像もつかない神経過敏な子供だった様子。

ある時、主は、これはもう自分で治すしかないと決意し、一大奮起した。まず食物を制限し、次に、性格も神経を太く持つよう努力を重ねて、持病と闘った。どのような状態になると喘息の発作が起きてしまうのか。注意して自分を観察し、その要因をつかんだのだ。

まず、食事は腹八分目を必ず守ること。

次に消化の良い物を食べること。

そして、神経を太く持つよう心掛け、性格も変えるよう努めた。今では、それがすっかり身につきすぎ、楽天的もいいところ。

それにしてもこれは、全ての病気予防に共通するのではないだろうか。

それ以来、主は、好物の米類の摂取を控えている。主食はパン類が多く、少しの量で栄養価の高い食品を選び、胃に負担を掛けないよう常に注意を払っている。

がんばった甲斐あって、二十代前半で喘息を克服することが出来たのだ。

その後は、風邪をひいた時、薬を飲むと、風邪は治癒しても、今度は喘息が出てしまうようになる。二、三度そのような経験をくり返した後は、「喘息を起こさないようにするには、風邪薬を断つしかない」と、以来、薬を飲まないのだ。

風邪をひいてしまった時は、水分を多目に摂取し、食物を制限して寝て治すのだ。自分に与えられている、自然治癒力を信じているのだ。その代わり、一両日は大変。

「アーナ、痛いよー」「苦しいよ、アーナ」

私だって心配だけれど、我慢しないで唸っているから、うるさいの何のって。

「アーナ、助けてよー」「アーナ、つらいよー」

私はどうして良いかわからず、そばで主の顔をペロペロ、手をペロペロ。

「アーナ、うつるといけないから、向こうへ行って！」

私はペロペロ、ペロペロ。

「アーナ、いいから放っておいてよ、お願いだから！」

私は主に押し出され、とうとうベッドから降ろされてしまった。

あーあ、これじゃ、二、三日は散歩連れて行ってもらえないな……。

私も覚悟を決めた。でも私は、薬飲んで、早く風邪治してくれたらいいのになと自分のことだけ考えて思うのだった。

三日目を迎えた昼頃、主は奮起したように、「もう、身体中が痛くて寝ていられない！」と言ってベッドを出た。お風呂を沸かして入浴するつもりらしい。私は、まだお風呂に入らない方が良いのでは……と思いながらも、主が起きてくれたことがとても嬉しくて、思わず「ワンワン、ワンワン！」と吠えてしまった。

お風呂から出てきた主は、甦ったように元気に見えた。

「アーナ、ごめんね。もう大丈夫だからね。でもお散歩は、今日一日我慢してね」

と言って、私の大好物のおやつをくれた。

〈ウァー、やったあ！〉

私はジャンプして、おやつを受け取ったのだった。

空腹

〈もう我慢出来ない！〉

今日は、主も朝から間食をしないし、夕食もどこかで済ませてきたらしく、今はコーヒーを飲んでいるだけ。

さっき私に、好物の砂肝のおやつを三片くれたけれど、どう考えても今日は、まだ夕食をもらっていない気がする。もう夜も大分遅い時間のようだし、このままじゃ、私は満足しない。

「ワンワン、ワンワン！」

〈もう限界よ！〉

「ワンワン、ワンワン！」

主は私の要求が、わかっているのに知らん顔。

どうやら、ダイエットということで、夕食抜きにして、とぼけてしまうつもりらしい。

「ワンワン、ワンワン！」

こう空腹じゃ、私も譲れない。

「ワンワン、ワンワン！」

とうとう主は、笑い出した。ごまかそうとしたのを私に見抜かれて、おかしくなったのだろう。「わかったよ、アナ子ちゃん。やっぱり駄目だったか」と言って、キッチンへ向かった。もちろん私は、超特急でキッチンへ……こういう場合は、喜びを体中で表現しなければと私は思うのだ。

〈やったあ！〉

その時、主が言った。

「あっ！　いけない、おやつ分差し引くの忘れてしまった！」

〈残念でした、もう間に合いません。万歳！〉

訪問

今日は、珍しくお兄ちゃん夫婦と、主と私で、福島県のいわきまでドライブなのだ。いつもドライブは、主と私、お兄ちゃん達と私、この組み合わせがほとんどなのだ。ところが今朝は、全員集合！　私は嬉しくて、お兄ちゃんにもY子さんにも、例によって愛想をふりまいてしまう。この日は、往復共お兄ちゃんが運転で、私は主と後部座席に座った。いわきまでは、東京外環道から常磐道に入り、約三時間のコースになる。いわきには、お兄ちゃんの亡くなったお父さんが、霊園墓地で永眠している。そして主のH叔父さん夫婦も、住んでいるのだ。

とにかく私は、みんなで出掛けることが嬉しくて、お兄ちゃんの運転の邪魔をしないように、助手席のY子さんに抱かれたりして、遊んでもらう。また後部座席にもどったりして、そのうち気持ちが良くなり、うとうとと眠ってしまった。お兄ちゃんは、私が眠ってしまったのを幸いに、休憩を取らずにいわきまで直行した。

車が止まったので、私が目を覚すと、そこはもう、いわきの霊園墓地であった。その霊園は、小高い丘の上で、周りは緑に囲まれ、一部紅葉もしていて、とてもきれいだった。

お兄ちゃんの父親のお墓は、下界が樹々の間から見渡せる、日当たりの良い場所にあった。空気は、都会よりだいぶ冷たかったけれど、気持良くおいしく感じられた。

お墓参りが済むと、そこから十五分ほどで、H叔父さんの新築したばかりの家に着いた。

H叔父さんは、主の母親の弟という間柄になる。H叔父さんは、長い間公務員で福島県の行政に携わり、停年をいわき市の平で迎えたのであった。叔母さんは、H叔父さんと同じ年齢で今年七十三歳になる。

良妻賢母型の人で、若い頃から夫であるH叔父さんを、陰でささえてきたのである。

H叔父さんは、昔の人にしては、背が高くダンディで、心臓の弱い叔母さんを労り、今もって仲が良く、ほほえましい限りなのだ。このH叔父さん夫婦の骨折りで、主の亡くなった母親も、高萩に在る病院をお世話してもらい、また、立ち寄ってきた霊園墓地を探す時も、お世話になったのである。

H叔父さん宅は、三年前までは、いわき中央インターの麓の広い土地に、住居を構えていたのだけれど、高速道路の延長で立ち退きとなり、今の場所に移転したのだった。

土地面積は、以前よりだいぶ狭くなってしまったらしいけれど、その代わり駅に近くなり、便利な場所を探せたので苦労の甲斐があったと、話していた。

年老いてからの転居は、精神的にも肉体的にも、さぞかし大変であったろうと察する。新しい家は、隣町に住んでいる息子一家のことを考え、以前と同じ位の広さと間取りに建てられており、そこからは温かい親心が窺える。どこの親も、子供のために何かを成すことが、生き甲斐となるのだろう。

叔母さんは、お料理が上手で、主達は手作りのおいしい御馳走を、楽しそうに戴いていた。みんな、この新しい家は、初めての訪問なのであった。さっき主に「アーナ、粗相しては駄目よ、新しいお家なのだから気を付けてね」と言われていたのを思い出した私は、あっ！　いけない、おしっこ出ちゃうと、あわてて玄関の方へ向かったのだけれど、今一歩というところで間に合わず、マットの上へおもらししてしまった。

外では、めったに粗相などしたことないのに、どうしたのだろう、困った！　と思案していると、主が気が付いて、あわてて拭き取り、きれい好きな叔母さんに謝った。

「いいわよ、このマット洗えるから、気にしないで」と叔母さんは、言ってくれたけれど、主は恐縮していた。私も悪いな、と思った。

〈主よ、ご免ね、私も緊張していたはずだけれど、ちょっと油断したみたい。こんなはず

じゃなかったのに……〉

帰りの車中で、多少元気のない私に主は、「アーナ、気にしなくてもいいよ、出ちゃったものはしょうがないよね」と言ってくれた。

その言葉に私は安堵し、帰路はほとんど眠っていたので、車中の様子はわからなかった。

でもおそらく主は、事情があって離婚し、その後間もなく亡くなった息子の父親、即ち夫のことを想っていたのだろう。

主と夫とは、価値観が合わず、いろいろな事情も重なって、夫婦の歯車は食い違ってしまい、結局は離婚への道程を辿ってしまったのである。

離婚後も、苗字を夫と同じにしている主は、急死してしまった夫のお墓に、自分の生命が終った時には、一緒に入ろうと思っているのだ。

壮絶な別離をしたのだけれど、長い年月が、それらを洗い流してくれたのだろう。今の主には、良い想い出のみが、心に残されているようなのだ。

そして、その想い出一つ一つをいとおしく思い、大切にし、「夫婦って、一体何だろう」とつくづく考えている主なのである。

夫婦は、別れてしまえば他人だというけれど、それだけで割り切れるものでないことを、主は知っている。

息子のお兄ちゃんは、確実に父親の遺伝子を受け継いでおり、だんだん主の夫に、似てきたという。息子の存在がある限り、主はその父親の影を、感じずにはいられないのだろう。

また、主は自分が灰になる前に、献体を希望している。還暦を迎える少し前に、ドナーカードを持ったのだ。提供出来る臓器は、全て献体したいと考えている。そのために「健全なる肉体でいなければ」と、その思いが生きる糧にもなっているようである。

父親を若くして亡くしてしまったから、お兄ちゃんは、結婚が早かったのかも知れない。そのお兄ちゃんは、往きと同じように、ノンストップで高速を走り、帰宅の途に着いたのである。

あーあ、やっぱり自分の家って好き、私も疲れた！

涙

〈あっ！　また主がテレビを見ながら、泣いている。ホラホラ、ティッシュペーパーで、鼻をかんで……〉

主はこのところ涙腺が、緩んでしまったらしい。テレビを見て、感動するとすぐ泣いてしまう。特に動物が出てくるシーンに弱い。嬉しくても涙、悲しい時は、もちろん涙。

忙しい人だな、と思いながら私は、主のくしゃくしゃに変化していく顔の表情を、じっと見つめている。すると「アーナ、ほら、あのワンちゃん、がんばって飼い主の所へもどれたのよ、見てごらん」と言う。

私の視線をテレビの画面に、向けさせようとする。私は、テレビより主の泣く姿の方が、興味あるのだ。

それにしても、主はテレビを見てよく笑い、よく泣く。感動する時、私にも一緒に感動をさせようとするのだから……。これは無理というもの。主とは、感覚が違うのだから。

ドキュメンタリー番組で、「自然界における生き物達の記録」などの放映の時は、冬の厳しい季節、野山で冬を越す動物達のシーンになると、「可哀想でつらくて見ていられない」と言って、チャンネルを変えてしまう。やがて、春が訪れ動物達が、自然を満喫出来るシーンになると、また、チャンネルをもどして、ほっと安堵して見ているのだ。

人間のつらいシーンを目にするより、動物のそのようなシーンになる方が、主にとってはつらいのだ。性格は、大雑把だけれど、気持ちはやさしいのだろう。それにしても、単純で何と子供っぽい人なのだろう。

去年還暦を迎えた主は、時折、自分の人生をふり返っているようだ。後悔しているのではなく、ただ懐かしく想い出している感じなのだ。主の過去の人生は、波瀾万丈のようだったらしい。成功と挫折、喜びと悲しみ、怒りと許しなど……。その挫折を経てきたからこそ、今の老いの時期を、充足して過ごすことが出来るのだろう。

今の主は、無理をせず、飾りもせず、ありのままの自分を受け容れているようだ。特に母親との間に、横たわった葛藤。「母のようには、なりたくない」と、反面教師にしてきたつもりの主が、結局は、多少かたちは違うだけで、意識の底では、その母親とつながっている自分を感じているのだ。そして今、主は、自分が母親の良き理解者になっていることを知っている。

そのような想いにふける時、やはり主の目には、涙が浮かんでいる。素晴らしい涙だと、私は思う。

今、主は、おつりの人生を、一日一日感謝しつつ無心の境地で、生きているようだ。

医者嫌い

これは、主が医者嫌いになってしまった、三年前のお話。

暮れも押し迫った、大晦日の四、五日前のこと、主は普段やりつけない大掃除を、人並にした。その折、椅子に乗り、お風呂場の天井を一生懸命に左手で拭いて、きれいにした。二、三日して左肩から腕に痛みが走り、血液の流れと同じリズムで、ズキンズキンと二十四時間、寝ても覚めても激痛は続いた。

二日間我慢していたけれど、さすがの主も痛みに耐え切れず、天井を拭いた事が原因だとは思いつかなかったので、駅前の病院の門をたたいた。

A先生は、「風邪からきたのでしょう」と言って、風邪薬と痛み止めの薬を出す指示をしただけだった。

主は「先生、とにかく痛くて我慢出来ないので、痛み止めの注射をして下さい」と頼んだが、「今は、やたらに注射はしない！」と拒否されてしまった。

風邪薬と痛み止めの薬を出してもらった主は、薬を飲まない主義とはいえ、激痛に耐えかねて、痛み止めだけを服用した。

大晦日と、元旦から三ヶ日にかけて、主は地獄の苦しみを味わったのだ。あの時の主は、暮れもお正月もないに等しく、痛みと戦い続けて可哀想だった。我慢強い主が、楽しみにしていたお正月を、唸っていただけだったのだ。

三日に医院が開くと同時に、主はかけ込んだ。今度はB先生で、事情を話すと、

「風邪が原因ではないな！　レントゲンを撮りましょう、それと血液検査もして……」

と言われた。

主はまた、「先生、とにかく痛くて我慢出来ないので、痛み止めの注射お願いします」と頼むと、「原因が判らないのに、やたらに注射出来ませんよ！」と、これまた拒否された。

採血をされ、胸と肩、腕などのレントゲンを撮られたのだった。しばらく待たされた結果、「骨には異常がないから、明日バリウム飲んで、検査しましょう」と言われてしまった。

「先生、なぜ胃の検査するのですか？　腕や肩が痛いのですよ」

「言いにくいけれど、これは悪い病気かも知れないから、ひょっとするとガンが転移して

いるかも知れないから……」

主は信じられなかった。

「職場で、毎年検診受けてきて、異常がないのに……ガンにかかったことがないのに、何でガンの転移なのだ！」

お医者さんとケンカしても仕方がないので、腕も痛いし、早々に引き揚げて帰宅した。

主は、痛みで疲労困憊し、ベッドに横たわった。でも翌日は、一応バリウムを飲んで胃の検査だけは、受けることにしたのだ。

その時の辛かったこと。

主は、未だに友人に話すことがある。

肩と腕が痛く寝返りも満足に打てない主が、固い診察台の上で、横になれ、あちらを向け、斜めの姿勢を取れと言われ……ただでさえ激痛が走っているのに。地獄だったそうだ。

結果は、胃の写真に三個、シャボン玉のような丸い空洞があった。普段ちびりちびりと飲み物を飲む主は、一気にバリウムを飲めなくて、一息ついてしまったのだ。それで空気が入ってしまったらしい。

主が「あっ、やっぱり空気入っちゃった！」と言うと、先生曰く「Iさん、やっぱりあったよ、ホラこれ！　今度胃カメラ飲みましょう、手続きをしていって下さい」

主はこの時「やぶ医者め、金もうけの材料にしているな！」と悟り、形だけ胃カメラの予約を入れて、医院を後にしたのだった。

思案した主は、すぐその足で反対側の通りにある接骨院に向かった。

症状を聴いたT先生は、主の首、肩、腕を触り、すぐ言った。

「Iさん、どうしてこんなになるまで、放っておいたのですか？　首と肩が、石のようじゃないですか、これじゃ腕痛いの、当り前ですよ。Iさんは、我慢強いのですね、これでは、さぞかし痛いでしょう」

若い頃から、肩が石のように硬かった主は、自分は筋肉質だから……と思って気にしていなかったのだ。時々肩が張ることはあっても、誰だって肩凝りはあるのだから……と放ってきたのだ。

それから主は、休診日以外は一ヶ月間、接骨院に毎日通った。

「先生、腕が痛いのに首を揉むのですか？」

「首からきているから、首の周りを柔らかくしなければ、痛みは取れないのですよ」

毎日の治療は、ローラーベッドにけん引、最後に先生のマッサージを受ける……これがコースだった。

T先生も、主の激痛がわかるらしく、毎日励ましてくれたのだった。T先生の指示に従い、主は市販の、痛み止めを服用しながら通院を続けた。

通院を始めて一ヶ月ほどたったある日、「あっ！　腕が痛くない」と、主は驚いた。腕の痛みが、うそのように、すーっと消えたのだった。

それからの主は、今日に至るまで、毎日必ず首、肩、腕などのストレッチ運動を欠かさない。以来、腕のあの激痛は起きないのだ。

主は「もう、何があっても病院での検査など、絶対に受けない！」と言っている。

「かえって具合悪くされてしまう、自分の身体は、自分が一番良く知っているのだから、私は、やはり自分で治すしかない」

とうとう完全に、自然治癒力の絶大なる信奉者になってしまったのだ。

その後は、一度、階段を一段踏みはずして、足首のねんざをしたことがあったけれど、それも、とうとう接骨院にもかからず、自然治癒させてしまった。

「大昔、お医者さんなどいなかった時代、人間は自然治癒力で自分の病気を全部治したのだから……昔の人に出来て、今の人が出来ないわけないでしょ！」

すごく原始的なことを言うのだ。
病気に関しては、変な自信があり、とにかく頑固なのだ。

シャンプー

主のベッドにもぐり込んで寝ている私は、十日に一度の割合で、シャンプーをさせられる。

「アーナ、シャンプーだよー」

主のこの声が聴こえると、私は隠れる。大体布団にもぐる。こたつに入る時もある。

シャンプーが、嫌いなわけではないのだけれど、一瞬、面倒くさくなって逃げる。それと、遊びの感覚で主をからかうのだ。

布団にもぐることの出来ない季節は、逃げ回る。すると主も、追いかけてくるのだけれど、これまた遊びの感覚なので、手心を加え、しばし追いかけっこになるのだ。

二人で子供みたいに、戯れる。布団にもぐれる季節は、ベッドの中、こたつの中、私はその時の気分で、どちらかを選択する。

「アーナ、また隠れたね、こたつの中にいるのはわかっているのだから、出ておいで」

「アーナ、アーナ、アナ子ちゃん、おいで」

そして、一段と語気が強くなり「アーナ！」。布団がめくられ、私は強引に、引っ張り出される。もちろん、覚悟はしている私。シャンプーの時はいつもこのパターンなのだ。お風呂場に連れていかれ、シャワーを掛けられて、私のシャンプーが始まる。時間にして、そんなに長くはない。

「ほーら、気持ちいいでしょ！　アーナは、お利口だね、ますます美人になるよ」と言われながら私は、主のなすがままに身を委ねる。

本当は、気持が良いのだ。さっぱりして、身心共にすっきりする。五分ほどで、シャンプーは終るけれど、その後が私は苦手。

バスタオルで体をざっと拭いた後、主は、ドライヤーをかける。早く毛を乾かしてくれるのは良いのだけれど、音がうるさい。聴力の良い私にとっては、これがつらい。

特に、耳の近くにドライヤーを当てられる時は、一瞬地獄！　冬になると、風邪をひかせないようにとの配慮で、ドライヤーは念入りになる。これは本当にありがた迷惑なのだ。

それでも、三分ほどでドライヤーは終了する。「ハイ、いいよ！」と主に、ポンとお尻をたたかれるや否や、私は、脱兎の如く脱衣場を飛び出す。

私なりのシャンプーの後始末として、私は部屋中を走り回り、あちらこちらに体をこすりつける。日なたぼっこをして、完全に毛が乾く頃、私は良い気持ちになる。

主はこの時、ご褒美として、私の大好きな牛乳をくれる。嬉しい、待ってました！　満足した私を、主はゆっくりブラッシングして、シャンプーは完了。

その後、私はシャンプーコースの総仕上げとして、心地良い眠りにつくのだ。

〈主よ、きれいにしてくれて、ありがとう。御苦労さま！〉

ブラッシング

一日に一回、主はブラッシングを、念入りにしてくれる。まず綿棒で、耳の掃除。これは、私も気持ちが良い。奥まで綿棒の先を入れられると、ビクッとして、ちょっと怖い気がするけれど、主もその辺は、心得ているようだ。毎日やってくれるのだけれど、綿棒の先は、必ずよごれているようだ。

「あっ！　アーナ、また血の固まりがあるよ、あまり耳の中を手で掻いちゃ駄目よ、傷がつくから……」

そのような時、主は、綿棒の先にちょっとメンソレータムをつけて、手当てをしてくれる。スースーして、悪い気分ではない。

その後、主が使用しているのと同じタイプの、細い金櫛で、ブラッシング。

最初の頃は、犬用のブラシを何種類か使用していたのだけれど、私が痛くて嫌がるので、考えた主は、自分が使用するのと同じタイプの、目の細い櫛にしてくれたのだ。これは痛くなく、気持ちが良い。毎日、ブラッシングしても、細いうぶ毛まで必ず取れる。おかげで私は、抜毛も余りなく、いつもさっぱり。

でも主は、時折しつこく、これでもか、これでもかというように、いつまでもブラッシングをする時がある。時間が長いと私も、じっとしているのがつらくなるので、やめて！と唸る。

その後主は、歌を唄いながら、私の好きなマッサージをしてくれる。これは、私にとって幸せのひととき。これこそ、いつまでも、いつまでもやっていてほしい。私は時々前足で、主の手を誘導して、触ってほしい部分を教える。

「アーナ、今度はどこ？　ここね、気持ちいいね」

そう言いながら主は、一生懸命マッサージしてくれる。これには、本当に感謝！

また月に一度程度の割合で、私の毛をチェックし、カットもしてくれる。このカットが始まると、私は大変なのだ。初めは、耳の入口の部分から、そして前足、後ろ足、何しろ主の手には、ハサミが握られているのだから危険だ。

不器用な主は、危なっかしい手つきで、念入りに足の裏から、爪の間、そして私の短い足へと、カットは移動する。小さいハサミと、すきバサミで交互にカットする。ちょっと離れて、全体のバランスを見ては、またそばに寄ってカット。

この間、私はじっとして、お利口さんにしていなければならない。でも私も疲れてしまうので、すぐ横座りになる。

「ほら、アーナ、ちょっと立って！　お尻の周りの毛、整理するのだから……」

「アーナは、すぐ座ってしまうのだから、やりにくいよ」

そう言いながら、カットをしている主の顔は、真剣そのもの。親馬鹿で、私が少しでもスマートに見えるよう、カットに精を出す。私は避妊手術をしてから、毛全体にウェーブがかかってきたのだ。

最初、主の家に来た頃は、耳とその周りの部分位だったウェーブが、徐々に広がり、現在では、全身に及んでいる。余計にふっくらと見えてしまう。私は気にしないのだけれど、主にとっては、悩みの種らしい。みんなに、珍しがられて「可愛いわね」と言われているのに……。

この間も、私を撫でてくれる叔父ちゃんに、

「うるさいこと言うようだけれど、撫でてくれる時は、往復に撫でないで、片道通行にしてほしいの。そうじゃないとウェーブに、ますますボリューム出てしまうから……」ですって！

「そうか、そうだよね。少しでもウェーブが落ち着いた方が、スッキリ見えるものね……」

とにかく、立派になってしまう私を、少しでもスマートに見せようと、涙ぐましい努力なのだ。

長い時は、カットに一時間位かけることがあるから、私も大変。でも格好良くしてくれるのだから、私もがんばって、カットが終るまで主に協力したポーズを取っている。

おかげさまで、私はとても良い毛艶をしているのだ。

目薬

私の主は、私を人間と同じように扱ってくれるので、私も主と同じ人格を持っているかのごとくに、ふるまってしまう。

だからといって、私に目薬まで注さなくても良いと思うのだけれど、主は注す。

一日一回は私の目を調べて、注してくれる。この目薬というのは、一般に市販されている目薬ではなく主の考案の液体なのだ。

主は毎日核酸という液体を、飲用している。コーヒーに、二、三滴落として飲んでいる。時には、ジュースやお茶などにも入れることもある。この核酸は、地球上全ての生命活動の基本になっている物質で、健康維持に大切な役割をしているとか。人間の細胞の誕生から、死滅までの大切な活動を支配しているのが核酸で、体の中でも作られている。

でも、二十五歳を過ぎると、体内で作られる機能が衰えていくので、食物から補給することが必要となる。老化やガン防止のために役立つ、ということで、医者嫌いの主はこれを飲用しているのだ。

「死ぬ直前まで、元気はつらつでいたい」とちょっと無理な理想を持っている主は、ボケ防止にも効果があると言われては、愛飲せずにはいられないのだろう。

これを　真剣に愛用し始めたのが、腕の痛みで医者不信になってからだ。その以前から、親友に奨められて飲用はしていたのだけれど、気休め程度だったらしい。

この核酸を、特殊なウォーターと混ぜ合わせ、目薬として、愛用しているのだ。

主もこの目薬を注し始めてから、老眼の度数が、少しずつ元にもどりつつある、というから驚きである。だから今の主は、普段はメガネをかけない。細かい字を見る時にかけるのだ。

最初目薬を注される時、私は、ちょっと怖かったけれど、目薬が一滴、二滴目に入ると思いのほか気持ちが良い。

目薬を注される瞬間は、今でもビクッとしてしまうけれど、後はとてもすっきり。

今では、病みつきになっている感じ。

私の表情から、それを感じ取った主は「ね、気持ちいいでしょ！　これでアーナは、いつまでも視力いいよね」と言って、自分も目薬を注す。

「ああ、気持いい。アーナと一緒だね」

主は満足気に、私を見た。

脱走

「あっ！　また、マー君、脱走した！」

主は大声で叫んだ。どうやらマー君は、主の寝室の廊下のドア――頑丈な作りの重いアルミサッシュのガラス戸を開けて、二階のベランダからお隣の屋根へと、脱走した様子。

この重い戸は、毎日、主が洗たく物を干したり、ベランダの植木の水やりなどに出る時、力を込めて開けるガラス戸なのだ。時折、主は、この戸の鍵を掛け忘れることがある。出入りする度に鍵を掛けるのだから、それも大変だと思うけれど……。

でもやはり、忘れる主が悪い。何故って、マー君は一日に何度も、この戸をチェックにきている。抜けたところのある主の、鍵掛け忘れを常に狙っているのだ。

昼間のチェックは気にならないけれど、夜中や明け方に行われるチェックは、うるさい。鍵が掛けられていないことが判明すると、マー君は、大きく重量を増やした自分の体ごと、ガラス戸にぶつかるのだ。

力一杯、ドスンドスンと体当たり。何度目かの体当りで、さすがの重い戸も彼の体重に押されて、少し動きすき間が出来る。

こうなったらもうマー君の勝利！

前足に力を込めて、少しずつ少しずつ戸を開けていく。自分の体が通れる間隔まで開いたら、もう、しめたもの。脱兎の如く飛び出して行くのだ。

主は夜半行われるマー君のチェックに、夢うつつに「マー君、うるさいよ」と迫力のない声で注意する。どうやら無意識に言っているらしい。彼も鍵が掛けられていることがわかると、あきらめて退散する。しかし、彼は一日に何回チェックしに来るのだろう……とにかくあきらめずに、頻繁にやってくる。今朝のように、鍵が掛かっていない時もあるのだから、何事もあきらめずに、粘り強く挑戦することが勝利へのカギと私は思う。

その日は、夜になってもマー君は、帰ってこなかった。久しぶりの脱走で、思い切り、外の世界を堪能しているのだろう。

夜半近くになると、叔父さんもさすがに心配し、不安になった様子。近所をあちこち捜し回った。家の中で飼われている猫だから、外に出ると、車が心配らしい。

主も、責任を感じているらしく、門戸を少し開けて、マー君が庭に入れるように配慮して休んだ。

翌日の未明、主は睡眠中かすかに、猫の鳴き声を聞いたらしく、飛び起きた。主もさすがに熟睡はしていなかったのだ。

「アーナ、今、マー君の声したよね！」と言って、部屋の照明をつけ、ベランダに出た。

「あっ！　マー君」

「ニャーニャー」と、それは心細そうな鳴き方だった。

「もう、マー君は……」と言ったと同時に、彼は主を避けるようにして、あっと言う間に部屋に飛び込み、三階の自分の住居へ、嵐のような速さでもどって行った。

大騒ぎしたけれど、マー君、無事帰宅して、本当に良かったと私も安堵した。

これで、一件落着。

〈主よ、これからは、鍵掛けるの忘れないようにね！〉

言葉

主はこの頃、私の顔を正面から見据えて、「アーナ、お願いだから言葉を話してみてよ、ワンじゃなくて」と馬鹿なことを言う。

「奇跡が起きて、アーナが人間の言葉を話せるようになったらいいのにね」と子供みたいなことも言い出す。

〈言葉は話せないけれど、いつも話しかけてくる主に、目で返事しているでしょ。目を見てよ、目を！〉

私は声にならない声を出して、じっと主を見つめる。すると主は「まあ、いいか、アーナは言葉では言えないけれど、目で答えてくれているものね」と言い、私にいろいろなことを話しかけてくる。御馳走を食べた後は、

「アーナ、おいしかったね、幸せだね」

と言うので、私は尾っぽをふりふり、それに答える。私は主の言うことなら、大体理解出来るのだ。

「お散歩行くよ！」「シャンプーしようね」「アーナ、遊ぼうか」「アーナ、お仕事行ってくるから、待っててね」

「アーナ、何かおいしい物、食べようか」

これは、特にわかるのだ！

「寝るよ、アーナ」

言葉だけでなく、主の表情で、嬉しいのか、悲しいのか、何か心配事があるのかだってわかるのだ。

単純で人の好い主は、テレビを見て感動すると、すぐ泣いてしまう。とにかく、感情を素直にそのまま表現する。泣いたり笑ったり、そして、幸せこの上ないという表情も見せる。

主がゴロンと横になって、テレビを見ると、私もすぐ主のそばで同じように、ゴロンと横になる。主は私の体を、やさしく撫でながら、テレビを見る。そして時々幸せそうな顔をして、私の顔をのぞく。私も、無心に主を見つめる。「アーナ」と言って、主の顔がほころぶ……。

主の、こんな満足そうな顔を見ると、私もつくづく、幸せだなと思う。

主は、「人生は考え方次第で、幸せにも不幸にもなる。その幸せは、人から与えられるものではなく、自分でつかむものだ」という人生観を持っている。

主はこれまで、決して平凡な過程ではなく、結構壮絶な人生経験を積んできたらしいけれど、今の主からは、全くそのような感じは受けない。むしろ、何の苦労もなしに、極楽トンボのごとく、のほほんと過ごしてきた人のように、見受けられる。開き直って人生を送っているから、病気に対する恐怖心とか、将来に対する不安などないのだろう。

やはり還暦を迎えると、人間誰しも人生の節目というものを感じ、改めてゼロからのスタートラインに立つ心境になるのだろうか。主は、後自分に残されている大事業は、死を迎えることだと思っている。良い死に方をしたいと痛切に願っているのだ。還暦とは、そんな思考を持つような年齢に入ったということなのか。だからこそ、今は時間が一番貴重なので、自分の意のままに、それを有効に使うよう努力している。

また、シンプルライフをめざし、余分な物の排除にも心掛けている。袖を通さない衣類、書籍、食器、その他諸々の雑貨品など。元来ケチな性分なのか、一度にそれらの処分が出来ず、毎回出すゴミの日に、何かしら探して、それを加える。身の回りの余分な物を処分する毎に、気持ちもすっきりしていくらしい。「一番処分したいのは、自分の身体のぜい肉なのだけれどね」と言って笑う。

そのような主の感情の動きを、現在一番良く理解しているのは、パートナーを組んでいる私なのだ、と思っている。

主のことなら、大体わかる私が、全くの狂いもなく当てることが出来るのは、主の帰宅時間だ。これは、ピタッと当たる。それと、めったに怒らない主だけれど、怒る時は、それが本気なのか、ちょっと手心が加えられているのか、ズバリわかる。

やはり犬の勘って、超能力なのだ。

まなざし

一日に一度、主は、ドクターマットとやらの上に寝て、電動マッサージをする。十五分で、自動的にスイッチが切れるようになっているが、三十分は、マッサージを受けながら寝ている。

私は、主がそれを始めると、決まって主のお腹の上に、ドスンと乗り、マッサージが終了するまで主の顔を見つめたり、うとうとしたりする。主の身体を通じて感じる振動が、私にも気持ちが良いのだ。主も私を撫でてくれたりしているけれど、やはり気持ちが良いのだろう、すぐ目をつぶって、うたた寝の世界に入る。しばし主と見つめ合う私は、大満足。

精神的には、充実して不満はないのだけれど、私は週に一度位の割合で、体がもやもやするような、衝動にかられてしまうのだ。

そのような状況の時は、主をじっと見つめる。うっとりしたようなまなざしで、主が気づくまで。主は、私がこの表情をすると、すぐに察知してくれ、「わかったよ、アーナ、タオルね」とやさしく言ってくれる。

私は嬉しくって「ワンワン、ワンワン！」と吠えてしまう。

尾っぽをふりふり、主の跡を追う。主は、いつものバスタオルを取り出し、「よーし、おいで、アーナ！」と言って相手をしてくれる。最初は、タオルの引っ張りっこ。

私は、ありったけの力を出して、タオルを口に加えて、何度も引っ張る。次に、主の片足にのせられたタオルを、ゴシゴシ、ゴシゴシと足で掻く。そして、主の太い足の上で、体ごとすり寄せる。

これは、私の生理現象なのだ。激しい運動なので、数分で私は疲れる。

あー、すっきりした！

私は、相手をしてくれる主に、心から感謝する。こういう行為は、いけないこととして、抑えてしまう飼い主が、結構多いらしいから。でもそんなお利口さんにしてしまうと、欲求不満を起こして、ストレスが溜まってしまう。病気の原因になるかも……。

そんな私の自慢は、まだ病気で医者にかかったことがない、ということ。年に一度の予防接種と、定期的にフィラリアと蚤取りの薬をもらいに、ドクターのところへ行くだけだから。主共々、健康そのもの。ただし、肥満を除けばね。

自由奔放に、足の向くまま、気の向くままの毎日を送る主に、連れ添っていく私は、主と同じく、ストレスを溜めない主義なのだ。

小鳥

主の仕事は、朝一番、小鳥達の食事を用意することから始まるのだが、いつ頃から、彼らの為にエサを用意するようになったのだろう。

おそらく、過去の人生の中で、辛く悲しい経験を克服したその時、ふとベランダの雀に視線がいき、そしてエサを与えることを思いついたに違いない。

そんな感情にかられたのだろう。

今の主は、生きとし生けるもの、全てをいとおしく感じているのだろう。人の心の痛みが、嫌というほど、わかるようになってしまったようだ。

小鳥達のエサは、インコ用のむきエサ、後は、二つ割りにした果物、牛乳にひたしたパン、細かく砕いた残り物のおせんべい、煮干などである。早い話、むきエサ以外は、残飯整理を小鳥達にしてもらうのである。当初は、一日に一グループの雀達が、訪れていただけだったが、この頃は、雀だけでなく、都会では珍しくなった目白、時にはひよ鳥も、そして鳩のつがいも訪れるようになったのだ。

現在、主に養われている小鳥達は、どの位の数なのだろうか。朝から夕方まで、交互に訪れているし、それからエサの量からして、少なくとも百羽以上であることは、間違いない。残飯整理とはいえ、エサの準備も大変。その代わり主も、彼らを観賞する。

便利な商店街の通りに住んでいるにもかかわらず、二階のベランダは、木々の緑や花に恵まれ、小鳥達のさえずりが絶え間ない。主は、この情景をこよなく愛している。私がそうであるように、この小鳥達からも、主は癒されているのだ。朝から晩まで、幸せな気分でいられる所以かも知れない。

そして、この情景を、よく絵にも描いている。主の絵は、風景画半分、残りはほとんど、草花に小鳥の絵なのだ。このベランダでの情景に想像をプラスして、題材にしている。

主は、絵を描くことを、特別に習ったわけではない。子供の頃から好きだったらしいが、主の父親が日本画を描いていたので、多趣味の主は、父親と同じことをするのを拒み、他のことに楽しみを求めていたようだ。それが、近年になり、父親の遺作を整理しているうちに、急に絵を描きたくなったそうだ。しかし、残りの人生を考えた時、「私には、基礎から習い始める時間がない！」と思った主は、要は自分の楽しみなのだから、自己流で自分の好きなように描くことにしたのだ。

元来、好きだった絵だし、父親の遺した反面教師になるような作品がたくさんあったので、それらを参考にしながら描いた。描き始めて、四年位というところだけれど、作品を友人達にもプレゼントしたりして、結構喜ばれている。

既成概念に捕われず、自由に好きなように描くので、ありきたりでなく面白いと、自分で自負しているようだ。本当に絵を描くことを楽しんでいるのだ。

その主は、絵に夢中になっても食事は必ず取るので、寝食を忘れて、とまではいかないが、とにかく、寝る時間を惜しむかのように没頭する。それは、二十五年前に早死にした父親の人生の最盛期と、自分の青春時代を重ねているのだろう。

絵を描くということによって、父親を偲び、その想い出を再生しているのかも知れない。

私以上に食べているベランダの小鳥達。主の絵の中に描かれている小鳥達は、みんな、ふっくらとしているのだ！

レジスタンス

今朝は、まだ六時だというのに、主は早くから起きて、身仕度を済ませた。出掛ける準備完了とばかりに、私に朝食を用意して、自分はコーヒーを飲み始めた。

〈余裕だね、いつもだったら、まだまだ布団の中で、眠りこけている時間なのに……〉

遊びとなると、ちゃんと、起きられるのだから、何と現金なことか！　と私は思いながら、早い朝食に半分だけ付き合った。

いくら食いしん坊の私でも、こう早く朝食を用意されては、嬉しさ半分。今、全部食べてしまったら、後の楽しみがなくなってしまうもの。どうせ主は、今日は夜遅くまで、帰ってこないだろうから。私は、寝だめでもしなくては……。

私の主は、とにかく旅行の好きな人だ。日帰りのバス旅行を、今日のように一人で参加したり、友達と温泉旅行をしたり、旅行会社の泊まりのツアーにも、一人で参加する。泊まりの時は、割増し料金を支払って、一人部屋を用意してもらうそうだ。一人で泊まりの旅行をして、寂しくないのかなと私は思うのだけれど、本人は平気らしい。というのは、主の一人旅行は、年季が入っているからだ。

主は二十代の頃、アルバイトをしてお金が溜まると、ふらっと旅行に出掛けていたらしい。昔は、全国一周とやらの周遊券があったらしく、それは一ヶ月間の有効期間であった。二十二歳の夏、それを利用して一ヶ月の放浪の旅に出たそうな。若い娘が、一人で一ヶ月も旅行することを、よく親が許可したと思う。主のことだから、強引に親を説得したのだろうけれど、親子共々、度胸が据わっている。

東海道から関西、山陰を経て新潟から山形、青森から仙台、福島と回ったのだ。宿泊は、当時若者達に人気のあったユースホステルや国民宿舎を利用した。

東北に入ると、父親の実家が山形県の酒田市、母親の実家が福島県の双葉郡なので、親類の住む場所を拠点として旅をした。

約一ヶ月に及んだ旅行の、最後の宿泊場所は、常磐線の双葉駅にある母親の実家だった。そこは、福島県の通称「浜通り」と呼ばれている所で、太平洋の請戸の浜という小さな漁港の近くにあった。海岸まで約一里だから、今の四キロほどで海に出られる。東京の郊外のような感じがする田舎町であった。

お土産をたくさん戴いてしまった主は、帰宅の途へつく前夜、親に電話をして、弟に上野駅まで迎えにきてくれるよう依頼したのだ。当日は、朝早い列車に乗り、上野に着いたのは午後二時頃だった。

ホームに降りた主は、お土産を前にして弟を待った。

「あっ、来た！」

主の下の弟が、向こうから姉を捜しながらやってきたのだが……主のそばを素通りしたのだった。あわてた主は、大きな声で弟の名前を呼んだ。呼び止められた弟は、びっくりしたように主の方をふり返って、驚いたのだった。

そこには、真っ黒に日焼けして、余り大きな目とは言えない姉が、その時ばかりは、目だけギョロつかせた顔で立っていたからだ。

何のことはない、弟は、一ヶ月間の旅で、すっかり変貌した姉の顔がわからなかったのだ。弟の話だと、姉の顔は、黒光りしていたそうだ。結婚前の娘の顔とは、ほど遠い状態だったとか。今でも姉弟の間では、語り種になっているらしい。

とにかく、青春時代からの旅行好きなのだから、主は余程、放浪癖があるのだろう。

その主が、今日は日帰りバス旅行なのだ。

「アーナ、行ってくるからね。待っててね、バイバイね」

主はちょっと、私にすまなそうな表情を見せて、出掛けて行った。今日は、夜になれば帰ってくるから良いけれど、この間のように三日も留守にされると、私はたまらない。

さあ、主が帰ってくるまで、眠ることにしよう……。

夜の九時過ぎに、主は帰宅した。

あっ、やっと主が帰ってきた！　今日一日、退屈だったのだから……。私は帰宅した主に、尾っぽをふりふり、「ワンワン、ワンワン」と吠えた。

「アーナちゃん、ただいま、ただいま」

そこで思い切り、スキンシップ。

「お留守番、ありがとうね。ごほうびに牛乳あげようね」

私は脱兎のごとく、キッチンへ向かう。無事に帰ってきた主に、私はほっとした気分。牛乳も飲めたし、一応満足。

しかし、この頃、主の旅行が多過ぎる。

今年、何回出掛けたのだろう。まるで、旅行が仕事のようだ。泊まりの旅行の時は、主があらかじめ用意し、決められた量のドッグフードを、お兄ちゃん達が朝夕くれる。トイレの始末も、叔父ちゃんやY子さんが、きちんとしてくれる。

私は、主が旅行から帰宅したその夜は、必ず、トイレの大きい方を、わざと違う場所にする。私一人だけ残して、旅行に出掛けた主に対して、せめてもの、私のレジスタンスなのだ。

〈だって、主の旅行って、遊びなんだもの！　一人でずるいよ〉

私の粗相を見つけると、主は、「アーナ、またやったね、お前って、本当に嫌なやつ！」と言う。

私は承知でやったことなのだけれど、一応形だけ、反省のポーズを取る。

主も私の気持ちを百も承知なので、もう、あきらめの怒り方。私だって、主に少しお灸を据えなくちゃ。言葉で文句言えないから、行動に出るしかないのだ！

今では、主の方が旅行帰りの日は、私の粗相した場所を、探すようになってしまった！

お兄ちゃん

主の一人息子のお兄ちゃんは、母親の主とは、普段あまり接触を持たない。お兄ちゃんの奥さんのY子さんと主は、友達のような感じで、楽しそうに話をする。女同士だから、やはり通じる話題があるのだろう。

話は余り交わさないけれど、お兄ちゃんは、とても母親思いなのだ。

この間も、茶の間の照明がつかなくて、主は「週末でないとお兄ちゃんに頼めないから」と、スタンドを二ヶ所に置いた。スタンドを二ヶ所つけても、薄暗い。ムード照明だ！茶の間の照明器具は、天井に直付けになっている大きな物で、リモコン操作になっている。男勝りの主でも、これだけは無理。

主は、メモ用紙に事情を書いて、二階のお兄ちゃんのピアノの部屋に置いてきた。週末まで四日もある。

「アーナ、ムード照明だから、ちょっと早いけれど、もう寝ようか……」

〈えっ！　もう寝るの？　今からじゃ、眠れないよ。これから四日間も、毎日こんなに早

く寝なければならないのかな……夜が長いよ〉

と、私はうんざりした気分。

でも主は、もう寝る仕度を始めた。あーあ。私も観念した。

その時、階段の電気がつき、トントンと上がってくる足音が聞こえたのだ。

「あっ、お兄ちゃんだ！」

ドアをノックして、お兄ちゃんが部屋に入ってきた。

「今日でなくても良かったのに……」

「大丈夫だよ、こんなに薄暗くちゃ、しょうがないだろう」

そう言ってお兄ちゃんは、照明器具のケースを取りはずし、点検を始めたのだ。ものの
二、三分で電気がついた。
「リモコンの具合が悪いから、直にスイッチ入れればいいよ。その代わり、切り替えきかないからね、全部点灯の状態にしておくから、スイッチをオンかオフだけだよ」

あっと言う間に、夕暮れから昼の世界にもどったのだ。

「ああ、助かった！　ありがとうね」

主は、感激している。

「アーナ、じゃあね！」

お兄ちゃんは、そう言って階段を下りて行ったのだ。

主に何か困ったことが起きると、お兄ちゃんはすぐかけつけてくれるのだ。

「結婚する前は、何一つ私の頼みごとなど、聞いてくれなかったのにね……こんなに変わるなんて信じられない」と主は嬉しそうに私に話す。以前は、何か頼んでも、「そのうちな、暇な時にやっておくよ……」とだけ言われ、それは気長に待っていないと、成就しなかったそうだ。

また、お兄ちゃん達は、母の日、誕生日、クリスマスなど、年に数回は、主の好きなレストランに予約を取り、食事を御馳走してくれるのだ。主は「息子に御馳走になると、感激で嬉しいけれど、何か悪くて、食べた気しない……」と嬉しい悲鳴をあげている。とても親孝行な、息子なのだ。

私は、そのお兄ちゃんと奥さんのY子さんが大好き。週末になると、お兄ちゃん達は、私を散歩に連れて行ってくれる。お兄ちゃんは、主よりマナーに厳しい人だから大変だけれど、それでも私は嬉しい。この時は、お兄ちゃん達に、「アーナは、お利口さんだね！」ってほめられたいから、私は無理してでもお行儀よく一生懸命歩く。楽しいけれど、結構気を遣ってしまう。散歩からもどると、お兄ちゃんは、必ず砂肝のおやつを三枚くれる。私は、これが、大好きなのだ。

時折、お兄ちゃん達の部屋へ連れて行ってもらえることがある。二時間位そこで過ごすのだけれど、それもまた、私は好き。食事の時間にぶつかっても、躾の厳しいお兄ちゃん達は、私には、何もくれない。いくら私が、じっと見つめていても駄目。徹底している。今まで一度だって、お兄ちゃん達から、ドッグフード以外の食物をもらったことがない。

お兄ちゃんの家には、去年猫が一匹死んでしまったから、現在四匹いる。それが十三年間、キャットフードと水だけだ、というからすごい。そして、その猫ちゃん達は、家の大部分を占領していて、外に出ないで生活している。家が広いし、仲間もいるから良いのだろうけれど、私から見れば、ちょっと可哀想な気がする。だから、廊下からはいつも、誰かしら庭を見ている。でもみんなで、けんかをしたり、暴れたりしているのだから、幸せな猫ちゃん達なのだろう。

私には、食べ物をくれないお兄ちゃん達だけど、お兄ちゃん達のところへ行くのは大好きなのだ。

怪我

マー君は、相変らず家中を、チェックしまくっている。この間も玄関の戸に、鍵が掛かっていないと知るや、例によって自分の体をぶつけて、戸を開け脱走した。

二日目にやっと帰って来たマー君は、真っ黒なのが灰色がかって見えるほど、薄汚れていた。早速、叔父ちゃんにシャンプーをしてもらい、きれいになったが、その日はぐったりして元気がなかったそうだ。

二日間も冒険してきたのだから、疲労困憊しているのだろうと、叔父ちゃんは思っていた。翌日になっても元気がないマー君が心配になった叔父ちゃんは、彼に熱があることに気づいた。体をよく調べてみると、耳の後ろを噛まれていたのだ。

あわてた叔父ちゃんは、すぐお医者さんへ連れて行き、手当をしてもらった。注射を二本も打たれ、さすがのマー君も、三日間はしおらしく寝ていた。痛い思いをしたのだから、きかん坊の彼も辛かったのだろう。叔父ちゃんは、

「いいんだよ、痛い思いをしないと、このギャングはわからないのだから……、これで懲

りて外に出なくなるだろう」と言った。

そう、確かにそれから、しばらくの間、マー君は外に出る意欲など持ってないかのように、おとなしくしていたのである。

ところが昨夜もまた、叔父ちゃんが帰宅し、玄関から入ろうとした時、待ちかまえていた彼は、そばをあっという間に通り抜けて、脱走したのだ。叔父ちゃんは、怒りながら階段を上がってきた。

「あの野郎、懲りずにまた脱走したよ！」

「何で気をつけないのよ。マー君はいつも、貴方の帰りを玄関のカーペットの上で座って待っているのだから……家に入る時、注意しなければ」と主が言う。

「だって真っ黒だから、飛び出すの気がつかなかったよ、まさに闇夜の黒猫だよ！」

と悔しがっている。

「少し放っておくよ！」

寝る頃になると、「また怪我したら……」と心配になった叔父ちゃんは、捜しに出掛け、お隣の庭先にいたマー君を連れてもどってきた。

本当に人騒がせなマー君なんだから……。

私はそう思ったけれど、今回はすぐもどってきてくれて、安心した。

その翌日、叔父ちゃんは、ゴミ出しに下りて来ながら、「マー君、足を引きずって、元気がないんだよ、今寝ているから後でまた、お医者さんへ連れて行ってくる」と言った。

「アーナ、本当にあの子は、懲りないね、また怪我したんだってよ！」と主は言う。

「その点アーナは、本当にお利口さんだね、いい子だね」

だって私は、脱走しようにも、下の玄関へは、下りられないのだもの……出来るわけないでしょ！　と思っていた。

お医者さんから帰ってきたマー君は、今度は前足を噛まれていたそうだ。また、注射を二本打たれて、しおらしく叔父ちゃんに抱かれていた。

その日は彼の姿を二階で見かけることはなかった。それにしてもマー君は、じっとしていることがない。行動的な性格なのだろう。

この頃は一段と凛々しく、男らしくなってきている。ただし声だけは、体つきからの印象とは、ギャップがありすぎる。

主の部屋から、ベランダに訪れてくる小鳥達を、観賞するのが大好きで、その時の彼は、尾っぽをふりふり、「ヒャッ！　ヒャッ！」と可愛い声を出しながら、長い時間見ている。

この家に来た当初は、小鳥達を追いかけようと、飛び掛かり、何度ガラス戸に、体をぶつけてしまったことか！　夢中になる余り、ガラス戸の存在を忘れてしまったのだろう。さすがに今は、鍵のチェックにくる位だから、ガラス戸のことは、嫌というほど認識しているはずだ。

〈マー君、もういい加減、あなたも脱走を諦めて、痛い思いをしないようにしたら、いかがですか？〉　アーナより。

出会い

散歩は、相変わらず楽しいけれど、この頃、散歩をする時の主の態度に、変化が起きた。それは、今までは「目的は散歩」と、歩くためだけの行為だった。

今日この頃は、ちょっと違う。

特に、小さい子供達に出会うと、主、自ら声を掛けて、私に触れさせるのだ。本当は、私は子供が苦手なのだ。何故って、幼子は、何をするかわからないから気を許せない。決して子供が嫌いというわけではなく、どのような行為をされるかわからなくて、怖いのだ。でも主は、ボランティアの精神で、幼子に私を触れさせて、満足しているようだ。

幼子は、初めは尻込みしているが、興味はいっぱい。恐る恐る私に手を出し、頭をちょっと触って、「きゃあ、きゃあ」と喜ぶ。また、そっと手を出して今度は、私の背中を撫で撫でする。そして感動し、歓声をあげる。三、四回、この動作をくり返して終了。

主は「良かったね、怖くなかったでしょ」と、にこにこ顔。

幼子の母親は（時には、父親であったりもする）、「本当に良かったね、Kちゃん、ワンちゃん可愛い、可愛いだね」と言って、主に「ありがとうございました、初めてなんですよ、犬に触るの」とお礼の言葉を言い、私にも感謝の目を向けてくれる。

私も、じっと我慢して幼子のなすがままにさせていたことが喜ばれたのかと思うと、満更でもない気持ち。

毎回、相手は変わるけれど、このパターンは、散歩中一度はある。幼子に出会わない時は、顔馴染みの友達に会う。

毎日のように、会う友達。たまにしか、会わない友達。いつも出会う大きいワンちゃんに、白に近い色のラブラドール・レトリーバーがいる。私よりちょっと年上の、お姉さんだ。

私は、元来、大型犬は嫌いなのだ。大きいので威圧されてしまいそうで、ちょっと怖い感じがするからだ。でも、このお姉さんは好き。体は大きいけれど、とてもやさしいのだ。私は、何となくなつかしい感じがして、お姉さんとスキンシップする。いつも、このお姉さんに会えると、嬉しいのだけれどな。

時折、顔馴染みのパグちゃんに会う。主は、体が白っぽく顔の部分は黒の、四歳になったというオスのその子がお気に入り。嬉しそうにスキンシップをするのだ。

「アーナ、ホラ、こんにちはでしょ！　ご挨拶は？」

いくら主がお気に入りでも、私はこのパグちゃんは、どうも苦手。

「愛嬌があって、可愛い」と主は、にこにこして、パグちゃんの相手をしているけれど、私はこの顔に、今一つ好感が持てないのだ。

〈どう見ても、可愛いって感じじゃないよ〉

私は、パグちゃんがそばに寄ってきてくれても、主の手前、ただじっと、つっ立っているだけ。私だって、好き嫌いもあるから興味のない犬とか、苦手な相手には、尾っぽもふらないし、挨拶もしない。

このような状況の時の主は、気の毒。「愛想無しで、ごめんなさいね」と言って、私の代わりに相手の犬とスキンシップをしている。

〈気の進まない相手に、ご機嫌取るの好きじゃないから、主よ、ごめんね！〉

その代わり、好きなワンちゃんと出会うのは、私だって嬉しいし、自分から尾っぽをふって、そばに寄って挨拶する。気の合う友達と会えるのは、とても楽しいもの。

そのような時、主は、相手の飼い主と、愛犬談議に花を咲かせている。どうやら主も、楽しいらしい。

年賀状

主は、約四十年この方、年賀状は手書きで、それも毛筆で書いている。この三、四年は、ご丁寧に絵画入りの毛筆年賀状を書いたほどだが、一昨年は、主の母親が亡くなったので、賀状は失礼したのだった。

主の母親は、十年間闘病生活を続け、八十五歳で亡くなった。パーキンソン病とアルツハイマー病を併発し、最後は痴呆が進み、永い永い入院生活を送った人だった。

亡くなった時、主は「母はこれで、やっと楽になれたのだから……」と思ったそうだ。亡くなる前の二年間位は、見舞いに訪れる主のことだけを、理解していたとのこと。茨城県の高萩市にある病院に入院していたので、「月に一回程度のお見舞いしか、出来なかった」と、主は心残りに思っている。

しかし、自分の親の死を想う時、「充分に看病してあげたから、悔いはない」と心から思える子供は、少ないと思う。何かしら、後悔の念を抱きつつ、亡くなった親を偲ぶ人が多いのではないだろうか。主も充分に尽くしたと思うから、悔いの気持ちは、もう切り捨てて良いのではないかと思う。亡くなった人を想う時、月日が流れるにつれ、ますますそれは浄化され、奇麗で良い想い出のみが、残されていくようだ。

とにかく、主は書くことに対しては、まめな人だ。宛先だけ自分で書く人が多い昨今に、珍しいと私は思っている。その主が、さすがにIT時代に合わせたくなったのか、主らしくない計画を立てたのだ。

秋も終りに近づき、そろそろ木枯しの吹く頃となったある日、お兄ちゃんが、「アーナ、写真撮ろうね」と言って、私を玄関の前に座らせた。そして、小型のデジタルカメラで、私にレンズを向けたのだ。私は反射的にポーズを取り、おすましをした。今日は小春日和なので、玄関先も暖かだった。気持ちが良いので、私はもっとそこで、外の人通りなどを眺めていたかったのだけれど、すぐお兄ちゃんの部屋に連れていかれてしまったのだ。

部屋にはY子さんがいたので、遊んでもらっていると、私の主も入ってきた。みんな揃うの珍しいなと、嬉しく思っていると、「出来た、出来たぞ！」とお兄ちゃん。

「どれどれ、見せて」と主。

「良く撮れたね、アーナ」とY子さん。

「アーナ、貫禄だね」と主の弾んだ声。

どうやら、私の写真を使った年賀状作りのようだ。とうとう私は、来年の主の年賀状に印刷されてしまった。

親馬鹿もいいところではないか。

主は私との今の生活を、年賀状で近況報告しようとしているのだ。受け取った人は、いい迷惑ではないだろうか。私はちょっと心配なのと、気恥ずかしいのとで、微妙な気持ち。

私のそんな気持ちを知ってか知らずか、マイペースの主は、出来あがった年賀状を手に取り、「さあ、すぐ宛名書きに入りましょうかね」と、私を放ったらかしにして自分の部屋へ戻ってしまったのだ。

あーあ、私の姿はとうとう、主の知り合いの人達に、来年早々、ばらまかれてしまうのか。

何とも複雑な心境。主と私は、二人三脚なのだから、致し方ないか！

神かくし

「アーナ、今日はちょっとお出掛けしてくるからね、お留守番しててね、待っててね」

　朝食を済ませた主は、そう言って身仕度を始めた。今日は随分早くから、おめかしするのだなと私は思いながら、主が着替える様子を見ていた。誰と会うのか知らないけれど、取っ替え、引っ替え、ファッションショーをしている。普段の横着者の主とは、少し違う。

　主の好みの洋服は、何と言っても花柄だ。それも、結構派手目のものが多い。好きなだけあって、その派手なのが、また良く似合うのだ。子供の頃、花柄の衣服が着たかったのだけれど、主の母親は洋裁が上手で、自分の手製の服を娘に着せたそうだ。今思えば、それは大人のムードで、センスは良かったらしい。でも、思春期に入った娘としては、みんなと同じような、可愛らしい花柄のブラウスやワンピースを、身につけたかったのだ。センスの良い母親は、花柄など見向きもしなかったので、主は花柄願望をその頃から、引きずってしまったらしい。

　子供の頃の願望は、そのまま消滅することなく生き続け、大人になってもその人を左右してしまうのだろう。いつも、同じような感じになってしまっても、主はどうしても、花柄から抜け出せない。

特に主は、バラの花柄を好んでいるので、ベッドカバーから始まり、至るところバラの花柄で統一されている。もちろん衣服も。それと、グリーン系が好きな主は、自分のラッキーカラーはグリーンと信じ、小物に至るまで凝っている。

他のことに対しては、大ざっぱな性格なのに、物に対しては、凝りに凝るのだ。

何を着ても同じよ！　と、私は主の着替えを、あごをつき出してベッドの上から見学している。

「アーナ、そんなに見つめないで、恥ずかしいから……」

自分でも滑稽になったのか、照れたように言って、やっと着用する衣服を決めたようだ。

今日は、いつもより随分と地味にしたな、もう出掛けるのだろうと、私が思っていると、主はベランダに出て洗濯物を干し始めた……。

「アーナ、行ってくるからね。あれっ！　アーナ、どこにいるの？　アーナ」

主は、私を捜し始めた。

「おかしいな、アーナ、本当にどこにいるの？」

○こたつの中……居ない。
○ベッドの布団を調べる……中にいる時は、布団が膨らむのに。
○トイレの中を捜す……私はドアを開けることは出来ません。
○ベランダを捜す。
○台所、いない。
○お風呂場を確認している。
○一階のピアノ室を調べる……私は、階段を下りることはしません。
○再びベランダを、ざっと確認する。
「本当におかしいな、ひょっとして神かくしにあったのかも……」

真剣な顔つきで、そんなことを思い始めた主。世の中って、不思議なことが起こるからといって、私が突然消えた！　などと本気で考えるのかなあ、私の主は……。

慌てた様子で、家の中をうろうろしていた主は、もう一度ベランダに出た。今度は隅の方から、丁寧に捜し始めた。椿の繁みも確認している……。

「あっ！　尾っぽがある。アーナ、お前は！」

私は、ベランダの隅っこの蔦が絡まっている繁みに、もぐっていたのだ。柵から鼻先だけを出して、通りを見物していた私を、主は引きずり出した。

怒られると覚悟した私。

でも主は、ほっとした気持ちの方が強かったらしく、「アーナ、あんまり心配させないでよね」と、ため息をついたのだった。

一瞬にしても「本気で神かくしに合ったのかな」と思う主に、私はあきれるばかり。ベランダを確認する時、初めにきちんと調べれば、こんなに骨折らなくても、良かったのにね。そそっかしい主だからこその行動だけれど、人間って慌てると、見える物も見えなくなってしまうらしい。

「アクシデントが起きたので、遅くなってしまった」と言いながら、私への挨拶も、そそこに主は、部屋を飛び出して行った。

〈主よ、ベランダに出るのは、マー君だけじゃないからね、気をつけて！〉

心配

主は、今日もまた外出するらしい。朝食後、身につける衣服が普段のとは、ちょっと異なるので、主が昼間外出する時は、すぐ判明するのだ。

〈また出掛けるの？〉

それなら今日も、ゆっくりお昼寝楽しめる……。

一日に何時間か主が外出するのは、私は大歓迎。主が留守の時は静かで良い。家にいる時は、一日中ほとんど音楽が流れているか、でなければテレビをつけている。

一人暮らしが身についている主とはいえ、静かになると、どうやら寂しくなるらしい。就寝時だって、ＣＤをかけて眠りに入るのだから……。

大昔、主は、いわゆる「ながら族」とかで、当時流行したトランジスタ・ラジオを聴きながら勉強したという。今さら、音のない生活は、出来ないのかも知れない。何かに夢中になっている時は、不思議とその音が、耳に入らないらしい。音なしの世界になると、静か過ぎて物足りない感じがするらしい。

ところで、今日は身仕度したのに、一向に出掛ける様子が見受けられない。主が出掛ければ、マー君がずっとそばにいてくれるのに……。

私は、少々期待外れになり、まだ小寒い季節なので、こたつにもぐった。どの位時間が過ぎたのだろうか。

静かなので私は、暖かいこたつの中で、熟睡してしまったらしい。

あれっ、主がいない！　どこを見てもその姿は、見当たらない。こたつから出たばかりの私は、まだ寝ぼけていて、意識がはっきりしていない。

あっ、そうだ、主は外出したのかも知れない！　でも変だ、出掛ける時は必ず私に「お出掛けしてくるからね、待っててね」と言って出て行くのに……。

今までに一度も挨拶なしで外出したことはない主なので、ちょっと心配になった。何かあったのかな？

私はもう一度、部屋中を確かめた。でも主のいる気配がない。それに、いつも必ず履いている、お気に入りの花柄のスリッパも見当たらない。

前代未聞、主は私に黙って外出したのだ！

私が目を覚ました気配を感じ取り、マー君が二階に下りてきてくれた。マー君が遊びにきてくれたから良いけれど、でも私の気持ちは、収まらなかったのだ。

主は、夜の八時頃になって帰ってきた。心配していた私のことなど、知る由もなく、主はいつも通りの態度だった。

機嫌よく「アーナちゃん、ただいま！　お利口さん」と言って、私とちょっとスキンシップして、夕食の用意をしてくれた。

着替えを済ませた主は、キッチン、トイレ、お風呂場と動き回っている。再びキッチンへ入りかけた主は「あれっ！　ちょっとすべる……」と驚いている。

「あっ！　何これ、アーナ、何で廊下におしっこなんかしたの！」

私は、百も承知でしたことだけど、廊下の隅の方で一応反省のポーズ。

「アーナ、どうしたの？　どこか具合悪いのかな、こんな所に、おしっこしてしまうなんて……」

主はまだ私の意図を理解していないらしい。おしっこの後始末を終えた主は、自分のスリッパを拭き始めた。

「あれっ、何？　うんちゃんの臭いがする、おかしいな」

その臭いは、片方のスリッパだけしたようだ。合点がいかぬとばかりに、首をかしげながら、そこら中の照明をつけて点検を始めた。

「あっ！　アーナ、お前は……」

三階の入口前に、私は大きい方を、今しがたしておいたのだ。それを御丁寧に主は、踏んで動き回っていたのだ。まあ、その後始末は、さすがにちょっと気の毒だった。

主は怒った！　私は久しぶりに、顔をピシャ！　と三回打たれた。フローリングの隅っこでじっと動かず、私は、ひたすら反省のポーズ。

主も知らん顔。三十分位すると、まだ寒い季節なので、部屋に入らずにいる私が気になったらしく、「アーナ、もういいよ、おいで」と迎えにきてくれた。

私はスゴスゴとしおらしく、居心地の良い居間に入った。

「アーナ、お前は、私が出掛ける時、声かけていかなかったから、悪さをしたんだね」

私の顔をのぞき込んで、主は言った。

〈そう、そうなんだから！　いつもの挨拶なかったから、私は心配したの……〉

主は、私の意図を理解してくれたのだ。

「アーナ、私が出掛けるのわかっていたでしょ！　それにアーナ、よく眠っていたから、起こすの可哀想だと思って、声をかけなかったのだからね」と私に説明した。

そして主は笑い出した。

「しかし、アーナ、お前もよくやってくれるよ、本当に……」

〈大掃除して、少しは家の中、きれいになったでしょ！〉

笑った主の顔を見て、私も嬉しくなり、いつも通りのスキンシップをしてもらったのだ。

もぐらさん

今年の桜の開花は、とても早い。暖冬の年でも、桜の季節には三寒四温で、花冷えがあるのだけれど、今年は、それもなさそう。一週間前の天気予報によると、毎年四月の初旬位までがんばっている寒気団が、今年はもう、逃げてしまっているとのこと。

三日前の朝「一分咲きの桜の花を見つけた」と、言っていた主がその夜には、

「あっという間に、三分咲きになってしまった」と感激していた。連日の異常なほどの気温上昇に、その翌日には五分咲きになり、今日はとうとう満開になってしまった。特にこの桜並木は、日当りが良いためか、他の場所より少々早い気がする。まるで超特急の桜の満開だ。

「アーナ、今日のお散歩は、石神井川の遊歩道だよ。お花見しよう。ダイエットめざして、がんばろうね」

こうして今日の楽しいお散歩は、長距離コースとなったのだ。

主は万全の準備をして、私と共に家を後にした。陽気も良いし、様々な香りもする。私

は例によって匂いを追いかけて、スタスタ、ヨタヨタ。

今日の主は、覚悟を決めているとみえ、あせることなく私のペースに、付き合ってくれている。三十分ほどかけて、遊歩道に着いた。さあ、首輪を外してもらえる！

私は慣れたもので、立ち止まって主が首輪を外してくれるのを待った。主も当然のごとくに、首輪を外し私を自由にしてくれる。あちらへふらふら、こちらへふらふら、そして立ち止まり、私は自由を満喫しながら、スローペースで歩いていく。今日はここへ来る途中、気の合った友達にも出会ったし、私は満ち足りた気分で散歩を進めていく。主も見事に咲いた桜を愛でながら、私に合わせた歩みをしている。

ここへ着いてから二度も、初めての友達にも出会っている。楽しいなあ。主の顔もほころんでいる。その時、向こうから歩いて来た、主と同年代の男性が、にこにこしながら私を見て、主に言った。

「可愛いですね、ふっくらしていて、もぐらみたいですね！」

一瞬、主は返答に困ったようだったが、「ダイエット頑張っている最中なんです……」と笑いながら会釈をして、通り過ごした。

しばらくして「アーナ、もぐらだってよ、失礼しちゃうね。いくら何でもそれはないよねー」とため息をついたのだ。そして、また、「もぐらだってさ、よく言ってくれるよ、本当に……」と言った。

「ああ、アーナも、とうとうもぐらさんになってしまったか！」

ここのところ、少しダイエットの効果が出て、いくらか私の体が軽くなったと喜んでいた主にとっては、大変なショックのようだった。私は、もぐらさんがどのような動物なのか知らない。見たこともない。けれど主のこの落胆ぶりからみると、何となく想像は出来るのだ。ふっくらしていて、ずんぐりむっくりなコロコロした感じなのだろう。

〈私は、もともと短足の胴長が特徴なのだから……主よ、誉められたと思って！〉

せっかくの楽しい、お花見散歩だったのに、帰り道の主は、心なしか力なく感じられた。でも、まだ思い出すらしく、「よく言ったね、もぐらだなんて……」と吹き出し始めた。

私は、もぐらさんって、きっとこっけいで、愛くるしく可愛い動物なのだろうと思った。

旅立ち

今日は珍しく、朝風呂に入った主は、ソファの上にマッサージ機を広げ、仰向けになって、それをかけている。

私は何時ものように、ドスンと主のお腹あたりに乗って、その振動のお裾分けを頂いている。私は、主の顔の前に鼻先を向けた。主の顔が、すぐ目の前にある。主は、じっと私を見た。

「アーナ」と主はやさしく言い、後は何も言わずに、私を撫でたり、前足を触ったりしている。私も、されるままじっと主を見る。

何だか今日の主は、いつもと違う。目がとても寂しそうなのだ。今にも目から、涙がこぼれ落ちそうで、それを打ち消すかのように、私に笑いかけた。

昨夜遅くから降り始めた雨が、朝になっても止まず、今もしとしとと降っている。ベランダの木々も、新緑真っ盛り。

やわらかくて、食べられそうな若い芽が、雨にぬれ、重たそうに揺れている。

そう言えば、昨夜、お兄ちゃん一人が部屋にやってきて、母親の主と長いこと話をしていた。いつも私と遊んでくれるお兄ちゃんが、昨夜は、帰る時、私にスキンシップしてくれただけだった。普通なら、私はお兄ちゃんに飛びついて喜ぶのだけれど、昨夜は、それが出来なかったのだ。

お兄ちゃんの表情が厳しく、ちょっと近寄り難いものを感じたからだった。

主は、お兄ちゃんの好きなコーヒーを入れ、おいしいチーズケーキがあるからと、出してあげていた。私と同じに、食べるペースが早いお兄ちゃんが、一切れのケーキをゆっくり時間をかけて口に入れていた。

とても深刻な話のようだ。私は、お気に入りのロッキングチェアに乗り、二人の顔を、交互に見つめていた。二時間位話をしていたけれど、二人は一度も笑わなかった。怒っているのではないことは、わかった。大事なことを、話しているのだなと、私も最後までおとなしく、二人を見ていたのだった。

昨夜のことで、主が寂しそうだ、ということは察することができる。

あっ、とうとう、主の目から涙が流れ始めた……。主は声を抑えて、泣き始めた。

「アーナ……」

私を撫でながら、顔をクシャクシャにして、主は泣いている。私は、どうして良いかわからず、ただ主の手をペロペロ、顔をペロペロしてあげるしかなかった。

後でわかったのだけれど、お兄ちゃん達が、仕事の関係でこの家を出て行くらしい。まだちょっと先のことだが、お兄ちゃんが家を出るのは、初めてのことなのだ。過去、事情があって、親の方が家を出た時も、一人残ってこの家を守っていたのは、お兄ちゃんだったそうだ。そのお兄ちゃんが、今度は家を出るのだから、主としては、想うところが多いのだろう。

一般には、大学を卒業すると、息子が家を出るケースが稀ではない。ましてや、結婚をすれば、大半は独立して親元を離れる。それが、事情が許されていたから、生活が別とはいえ、お兄ちゃんは同じ敷地内に住んでいた。主はさぞかし心丈夫だったはずだ。

「干渉無し」とはいえ、常に目の届く範囲内に息子がいるのだから。それ故主は、一人暮らしも寂しくなかったのだろう。

さあ、これからが主の試練だぞ、と私は思うのだ。

〈あの、お兄ちゃん達なら、心配しなくても大丈夫〉

主もそれは、わかっているはずだが、心細さと寂しさを味わっているのだろう。普段は強がり言っているけれど、主もやはり人並みの母親なのだ。

「私は早くから子離れしているから大丈夫」と豪語していた主だけれど、本当は子離れ、出来ていなかったのでは？　と、私には思われる。

これからの主が、ちょっと心配。

主は、今の高齢化社会では、まだスタートラインに立ったばかりなのだから、いつも言っているように、これから自分の人生を楽しんでほしい。まだまだ学ぶことが、たくさんあるのだから。

生ある限り人間は、成長していくもの。

〈主よ、がんばって！　私も応援するからね〉

ティータイム

その電話を切ると、主は急に行動的になり始めた。「さあ、大変！」とばかりに、部屋の片づけを始め、掃除機をかけ出したのだ。お茶の準備をすると、「アーナ、ちょっとお買物してくるから、待っててね」と言い、あたふたと出ていった。

どうやら、急の来客に、お茶受けを買いに出たようだ。

昔は、人の出入りが頻繁だったこの家だけれど、還暦を迎えた以後は、主は余り人を呼ばなくなった。友達とは、いつも外で会っているらしい。身内の人と親しいごくわずかな友達の出入りだけに絞ったようだ。この頃は、特に身内を大事にするようになった。年齢を重ねると、血のつながりが恋しくなるのだろうか。

「自分の時間を大切にしよう」という生き方の、一つの結果かも知れない。

板橋の志村に住んでおられる学生時代の先輩Mさんが、主の好物のお赤飯と煮物を、お土産に訪ねてきたのは、それから間もなくだった。お赤飯は、一人暮らしの主には、十日分は十分にあるだろうと思わせるほどの量だった。

主は、昼食を済ませたというのに、お茶受けにそのお赤飯をつまみながら、おしゃべりに花を咲かせていた。以下は二人の会話の様子。

Mさん「懐かしいわ、この家におじゃましたのは、お母さん生きていらした頃だから……。でも住む人が変わると、部屋の様子も全くイメージが変わるのね」

主「母の物が残っている所にもどったのだから、大変だったの。これでも自分の家具類の半分は処分してきたのよ。親の物は残しておきたいから」

Mさん「でも、実家があるってありがたいことよ。あなたも一人でよくがんばってきたわ。息子さんも立派に育てて……」

主「その息子なのだけれどね……」

主はそう言って、息子が近々家を出るだろうという事情を話した。

Mさん「あなたも、やっと子供を巣立たせる心境ね、子離れしてたようで、していなかったのじゃない?」

さすが先輩、急所をちゃんと突いている。

主「そう、そうみたいね。自分でも気がつかなかったけれど、私、子離れはとっくの昔に出来ていると思っていたのだけれど……」

Mさん「大丈夫よ、誰だってみんな母親は、そうやって子離れしていくのだから……。子供って外で苦労すると、とてもしっかりするわよ」
主「息子、意外としっかりしているのだけれど、考えてみたら、経済的な苦労をさせなかったから、それがね……」
主の息子のお兄ちゃんは、常にこの家を守ってきた人なのだ。両親共、家を出てしまった時期、彼は、大学に入学したばかりだった。卒業するまで、一人で猫と生活していたのだ。主は、精神的に様々な苦労をかけてしまったお兄ちゃんに、申し訳なく思い、経済的には何不自由させることなく、育ててきたのだ。
今、年金生活に入った主には、経済的に力がない。主は、それを気にしているのだろう。
Mさん「心配ないわよ、今度息子さんが帰ってくる時は、ひと回り大きくなった人間に成長しているわよ」
主「そうね、息子のためには良い機会かもね、若い時の苦労は買ってでもしろと言うから……」
主は、理屈では百も承知なのである。ただ寂しくなる自分がつらいのだろう。
主「所詮、人間は一人なのだから……生まれてくるのも一人、死ぬのも一人……孤独がつらくては、生きてはいけないわ」

Mさん「そうよ、私だって、とっくに子離れしていると思っているのだけれど、主人からいつも『お前はまだ息子から自立していない』と怒られるのですもの」

Mさんの息子さんは、二ヶ月ほど前に結婚し、今は神戸に住んでいるらしい。

その息子さんからは、毎晩一定の時間になると、電話が入るというから、これまたすごい。主の息子は、電話などまめに入れない人だから、主はかえって早く一人暮らしに慣れるかも知れない。

二人の様々な会話を聞いていて、母親って、みんな同じなのだなと私は思ったのだ。

先輩、後輩は楽しそうに、飾らない話を交わし、充実したひと時を過ごしたようだった。

今までは、主が先輩の家に足を運んでいたらしい。息子がいなくなる主に「今度は、私がちょくちょく余り物持参で足を運ぶから……」と主に言い残して、先輩は帰った。先輩の思いやりに、主は感謝したのだった。

〈主よ、強がらないで。寂しい時は寂しいと泣いてもいいから、自然体で上手に老いてほしい。息子のことは何も心配いらないのだから……。主より、しっかりしている息子でしょ！〉

主もこれで、本物の子離れした強い母親になれるだろう。
〈主の健全なる母性愛に、乾杯！〉

二人で

私達は、寝る時も一緒。ＣＤの入ったステレオにスイッチが入れられ、部屋の照明が消されると、今日も一日これで終了となり、感謝をしつつ安らかな眠りにつくのだ。

「アーナ、寝るよー」

主がベッドに入ると、私もベッドに飛び上がり、主のそばに行く。私は、今日一日の感謝の気持ちで、眠る前に主の手をペロペロ。時々顔もペロペロ。主は顔に手を当て、「顔はいいよ、アーナ」と拒む。それでまた手をペロペロ。

これは、私の心からの主に対する感謝の気持ちなのだ。一通り儀式が終ると、主は必ず「アーナ、ありがとう、ありがとうね」と言って、私を相手にいろいろな話をしてくれる。まるで、子供に話をするように……。

この時ばかりは、さすがの私も、主が話す内容が理解出来ずに、ただ黙って聞いている。いつも決まった言葉ではなく、その時によって長かったり、短かったり、様々だから……。でも雰囲気だけはつかめるので、そこは素晴しい勘を働かせて、私は聞いているのだ。大体主は、自分の夢や抱負を語っているようだ。夕暮れ時の、おつりの人生を前向きに考え、それを素晴らしいものにしたいと、努力している様子が窺える。それこそ、最後の人生を自分で描いて、そのように送ろうとしているのだろう。

夢物語が終ると主は、

「アーナ、あと一緒に十年がんばろうね！」と言って私を撫でてくれる。

私も主に一言。

これからも、主の人生行路には、まだまだ様々な暗礁や岩場が待ち受けていて、いつどこでぶつかるのか、推し量ることが出来ない事態が、発生するだろう。

その時、主は、全て一人でそれらを対処しなければならない。主のことだから、何があろうとも、逃げることなく対応すると思う。

しかし、一人でいるため、後ろから支えてくれる人もいないし常識的あるいは客観的な重石がないので、何事も歯止めがきかなくなる場合がある。それでも今までは、息子のお兄ちゃんがそばにいたので、目付役をしていたけれど、今後は、自分以外の他者の眼が身近になくなる。

時によっては、主によくありがちな思い込みに対して、誰も助言を与えてくれない、という不安も生じてくる。それでなくてもマイペースな主。私は主に、時には自分に距離をおいて、冷静に自分自身を見てほしいと思う。際限なく自由な主であるが故に、何か、けじめのあることを選択するのも一つの手だと、私は思うのだ。

私の立場としては、生意気なことを注文したかも知れない。とにかく、主よ、いつまでも健康で、上手に老いてほしい。

主が常日頃望んでいる、「いい死に方をしたい」ということは、即ち「よく生きること」なのだから、存分によりよく生きてほしいと思う。

二年ほど前から「あと、十年一緒にがんばろうね」を聞かされながら、私は眠りにつく。こうして一日が過ぎ、また明日がやってくる。

〈主よ、寂しがらないで、私がいる。私も一緒にがんばるからね。ヨロシク！〉

あとがき

近頃は、ペットブームということもあり、ペットを自分の伴侶として生活している人達が、いかに多いことか。

ペットが暮らしの仲間として、毎日の生活を、どれだけ明るく楽しいものにしてくれるか、飼っている人なら誰もが感じていることでしょう。

私も犬を飼い始め、毎日がどれほど慰められ、充実して過ごすことが出来ていることか。この六年間というもの、彼女のおかげで、感動の連続でした。

去年還暦を迎えた私は、これを人生の節目とし、「今後の残された人生をいかに生きるべきか」と改めて思考しました。そして、とにかく「自分のやりたい事を、一つずつ実行に移していこう」と決めたのです。

まず最初に浮かんだのは、「私と愛犬との暮らしぶりを、ありのまま書いてみたい」ということでした。毎日この愛犬のおかげで、自分がいかに癒され、楽しい思いをさせてもらっているかを。この飼い主にして、この犬あり！　こんなずっこけコンビの暮らし方を、残しておきたいと思いました。

また、犬の彼女が持っている能力、それは人間以上であることが、多々あります。彼女と私の、人間同士と変わらぬほどの意思の伝達。それらを是非とも、書きたかったのです。

そして、彼女の目を通して、私の生き様、大した人生ではないけれど、過去六十年、人間の自分が生きた証しとして、自分の人生観なども加えさせて頂きました。

彼女に語らせることにより、私の意固地なまでの生き方も、嫌味が薄れ、許されるのではないかと願ったのです。

「人間は所詮、孤独であり、一人である」ということ。

人生とは、そのようなものだからこそ、ペットと暮らせることの喜びと幸せ、それらを、ペットを飼った経験のない人達にも、楽しく理解して頂けたら嬉しく、光栄であり、感謝致します。

著者プロフィール
泉　すみ（いずみ すみ）

アーナ近影

昭和16年８月生まれ。東京都出身。還暦を過ぎてから「書くこと」に興味を持ち、エッセイを執筆。更なる向上を目指し、現在も勉強中。本作の主人公、愛犬アーナも元気です。

私はアーナ

2002年11月15日　初版第１刷発行

著　者　泉　すみ
発行者　瓜谷 綱延
発行所　株式会社文芸社
〒160-0022　東京都新宿区新宿1－10－1
電話　03-5369-3060（編集）
03-5369-2299（販売）
振替　00190-8-728265

印刷所　株式会社平河工業社

ISBN4-8355-4676-8 C0095